遠足文化
Walkers Cultural

台灣學習百科

福爾摩沙的故事

獨特的容顏——北台灣

王鑫——著

三貂角
(台灣島極東：東經121度59分54秒)

鼻頭角
(雪山山脈與太平洋的交界地帶，
山脈逼臨海岸，壁陡高聳。)

立霧溪
(因山脈逼近海岸，在出海處形成
圓弧形的沖積扇兼三角洲。)

基隆港
(三面環山、一面臨海，是一
典型的天然良港地形。)

基隆嶼

野柳岬

花蓮溪

富貴角
(台灣島極北；
北緯25度18分09秒)

台北盆地

大屯火山群
(熔岩流向下漫流，開展
成放射狀的流路。)

淡水河

天祥

九九峰
(由膠結不緊密的礫層
組成，土壤易受雨水
沖刷侵蝕，形成光禿
的惡地形。)

雪山山脈

三義火焰山

長水滴狀的背斜地形
(背斜構造是沈積岩地層遭擠壓向上隆起的型態，其軸
部易蓄積油氣，成為良好的開採地點；這段背斜地形，
因其南北兩端的岩層被推擠軋緊，故呈長水滴狀，更利
於油氣的聚集。此處出磺坑即有中油公司的油井。)

台灣全島

自然色衛星影像

N

海岸山脈
秀姑巒溪

海
岸
山
脈

東

縱

谷

池上
關山

秀姑巒山
(海拔3,805m)

玉山 (海拔3,952m)
玉

中

央

山

脈

山

阿

里

卑南溪

台東

太麻里溪

綠島

蘭嶼

鵝鑾鼻
(台灣島極南：
北緯21度53分50秒)

牡丹水庫

恆春

車城

貓鼻頭

曾文水庫
(台灣最大的水庫，以地下引水隧道供應烏山頭水庫，烏嘉南平原各項用水來源。)

山

脈

嘉義丘陵

烏山頭水庫

新化丘陵

荖濃溪

屏東平原

高雄

高屏溪

高雄港

柴山

大鵬灣

小琉球

潮州斷層
(將屏東一分為二，西側為沖積平原，東側為北大武山區。)

嘉義

台南

興達港

安平港

二仁溪

鹽水溪

曾文溪

八掌溪

七股 (台灣島極西：東經120度1分36秒)

外傘頂洲

北回歸線

珍惜我們的福爾摩沙

在全球化的時代裡，地理空間已經趨向流動；一個地方和另一個地方的邊界，已經因為資訊、交通的無遠弗屆，而變得模糊。

個人、鄉村、城市、國家等等，都有被茫茫大海淹沒的感覺，因此都慌亂地期盼能抓住點根。這條根就稱它作「自我認同」吧！

大航海時代，葡萄牙人初見台灣的時候，驚呼「福爾摩沙」。這可是萬里航海、見過世面的水手說出來的。顯然，台灣大自然的美，讓來自遠方的水手驚嘆不已！

這可是台灣的自然遺產噢！

在台灣生長的人真是幸福極了。國家公園、國家風景區、國家森林遊樂區以及最近建設的國家高山步道等，都是自然美的精華所在。政府也投下了大筆的資金，使自然之美成為國民容易親近的「母親的懷抱」。認同自己、認同台灣、認同我們生長的地方……都是今天我們立足台灣、放眼天下的基礎。

　　我們生長的地方也孕育著豐富的多樣性。這地方當然有著豐富的地景多樣性，它是我們的棲地。

　　我們的棲地有高山、有溪流、有丘陵、有盆地、有平原，還有海岸和海島。在這些大環境下又出現了特殊的地景，例如火山、泥火山、泥岩惡地、火炎山等等。特殊的地質構造以及地形作用，又建造了侵蝕性的岩岸、珊瑚礁海岸、柱狀玄武岩海岸、花崗岩島嶼等等。在這面積不很大的地方，卻展現了如此豐富的地形景觀。

　　「人知遊山樂，不知遊山學」。如果遊人能進一步探索地形景觀背後隱藏的自然歷史，追究它們的形成原因以及人地關係，那麼就能建立人地間的親密關係，我們稱它「鄉土情」或「鄉土愛」。知性的欣賞是建立地方意識、歸屬感的必要途徑。這當然是認識家、我愛我家的展現。也唯有知性的欣賞能培育出保育大自然的情操。認識大自然，認識台灣的地形、地質景觀，也正是進行國土計畫、國土發展的時候，劃設保育區的第一步。

　　美麗的台灣，是一切經濟發展的終極目的。

福爾摩沙的故事

獨特的容顏—北台灣

CONTENTS 目錄

作者序　王鑫

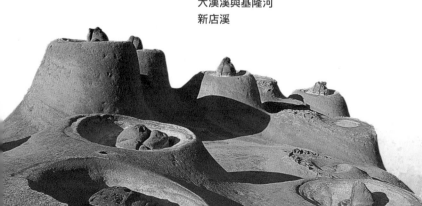

01

地形發育的背景

↑ 東海岸面迎大海，在強烈波浪侵蝕之下，常見岩岸。

雕刻大地的作用

地球是一個充滿活力的自然體系，它的面貌也在不斷地改變。

自從地球生成之後，「分化作用」促使較重的物質向地心移動，而較輕的氣體卻散向空中。地體內部熱量的循環，更把地底的物質藉著岩漿活動、火山噴發等方式，推到地殼表層。同時，內部運動也伴隨著力的調整，因此有了地殼的板塊運動，並發生造陸運動和造山運動。而褶皺及斷層作用則使地球表面出現了各種山脈及深谷。

　　這些由地球內部力量造成的地形，一般稱為「內營力」造成的地形。內營力並不因為山脈已經形成，就停止它的作用。有時候，這種力量可以持續很久，而且一陣一陣重複再來。

　　岩石暴露在空氣中後，受到大氣、水、生物的種種影響，又發生了許多地貌的變化。太陽能推動著大氣的循環，重力推動著河水的流動，在運動過程中，它們不斷地雕塑著地表，並使原始的單調地形因而變得複雜。這種再塑地貌的作用稱為「外營力」。

　　外營力必須透過水、冰、風、波浪等的侵蝕作用來進行，另外還有風化作用以及塊體下坡運動，都會幫助侵蝕作用的進行。風化作用是指岩石與空氣、水、生物等接觸之後發生的物理性破裂與化學性分解；岩石經過風化作用之後形成的碎屑以及腐敗分解物，很容易被搬運離去。塊體下坡運動、侵蝕作用及堆積作用，也不斷地刻劃著地球的面貌。加上板塊運動、火山活動、褶皺及斷層等內營力作用不斷地提供新的地形，使得地表的面貌因此生生不息地改變著。

風化作用

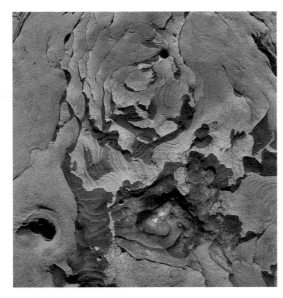

風化作用是岩石暴露在空氣、水及生物作用下而發生的改變過程。通常風化作用都發生在接近地表有氧存在的地方，並且造成了岩石的分解與破裂。
左圖為海岸岩石中常見的風化紋。風化作用將岩石中的氧化鐵重新分配，形成氧化鐵富集的黑色帶或團塊，其他鄰近的地方則形成淡色的條紋或條塊。台灣北海岸野柳風景區常見美麗的風化紋。

地質循環

閱讀岩石之書，或在野外研究地形的初期，得先具備地質循環的觀念。

地質學家從大自然的各種現象中，整理出今日仍持續運作的各種自然作用，他們堅信，同樣的自然作用在數十億年前地球誕生之時即已開始。地質學家見到降雨匯聚成河，流水侵蝕兩岸及河床，造成山崩地滑，大量滾落河床裡的沙石又被河水搬運到下游。尤其在狂風暴雨之後，滾滾濁流，挾帶著大小礫石流進了海洋或是湖泊。這些流入海洋的沙石哪裡去了？它們是否會把海洋填滿？為什麼數十億年的地球發育史中，海並沒有被填滿？

從觀察中、從實驗裡、從理智的判斷和分析中，科學家們證明了這些被河流挾帶入海的岩石碎屑都在海底沈積下來，一層一層的，而且由近岸到遠洋，顆粒愈來愈細，厚度愈來愈薄。

同時，地質學家在高山上、丘陵裡，卻到處見到這種由沙或泥構成的岩石，岩石裡有時候還出現海中生物的遺骸。這些成層的岩層表現出傾斜、彎曲的形狀，明顯的經過外力的推擠和褶皺。經過長期的研究，終於發展出「地質循環」的觀念。

地表岩石受風化及侵蝕後產生的岩石碎屑，隨著河水流入海洋。這些堆置在海底的沈積物愈積愈厚，深埋在底層的部分逐漸固化、膠結而形成沈積岩。如果地溫、地壓增高到某種程度，這些深埋的沈積岩就會發生變質作用，由沈積岩變成變質岩。如果地溫、地壓更形升高，達到岩石的熔點，那就可能形成岩漿。

岩漿的比重較輕，於是向上運動，或許噴出地表形成火山岩，或許在地下深處凝固形成侵入岩（這兩者統稱為火成岩）。到達地表的火山岩再度進入了地表風化和侵蝕的循環。而在地底凝固的侵入岩，則和深埋地下的變質岩及沈積岩一樣，必須等待下一次造山運動的來臨，才能靠著褶皺、斷層等運動，抬升到地表。

至於地表的岩石，經過侵蝕剝離後，下方的變質岩、沈積岩、火成岩等岩層也會逐漸暴露出來，成為肉眼可見的環境景觀。

火成岩、沈積岩、變質岩三者間的循環，要藉著外營力及內營力的各種地質作用來完成，這些變化也代表了物質、能量和作用力三者構成的循環體系。

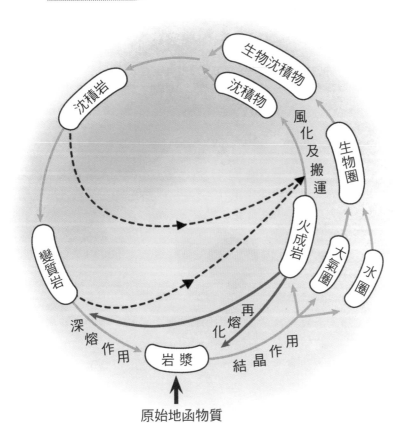

地質循環示意圖

生物沈積物

沈積物

沈積岩

風化及搬運

生物圈

變質岩

火成岩

大氣圈

水圈

深熔作用

再化熔

岩漿

結晶作用

原始地函物質

地形作用

是什麼力量造成高山、峽谷和各種海岸地形呢？

地質學者累積數百年的觀察研究，發現地表山嶽的形貌受到兩種作用的影響。

第一種作用為內營力作用，導因於地球內部的物理變化、化學變化或熱能的對流，包括地殼深處的岩漿活動和地殼變動。這些力量表現在地表上，就是板塊運動以及伴隨而來的造陸運動、造山運動、褶皺作用、斷層作用與火山活動。內營力作用使地表初具起伏的外貌，彷彿雕塑家尚未進行雕刻前的胚胎。

動態地球模擬圖

地質循環的觀念也可以用一幅動態地球模擬圖來說明。

模擬圖的中心部分是地質循環，在圖上使用一個大圓輪表示。這個大圓輪的運轉含括了大氣圈、水圈及岩石圈之間的物質流轉。為了參考比較，地球的各個「圈」（包括大氣圈、水圈、岩石圈……等）在本圖上大致以相對的比例標示。然後，再將這個地球機器的各種循環作用安置在圖上。

地質循環的動力來自兩個主要的大齒輪，分別是代表外營力運作下的地形循環，以及內營力為主的對流循環。前者在大氣圈與水圈之內運行，後者在岩石圈的地函內運作（作用）。推動地形循環這部引擎的燃料，主要是太陽能，這個能量推動著大氣圈的作用（如某些風化作用）以及水圈的作用（如河流侵蝕等），並且透過地形循環的轉動而與岩石圈發生交互作用。

地形循環的齒輪較小，轉動快速，它像一個磨輪一般，連續地或依序地作用在一個一個獨立的小塊體上。地形引擎的推動能源是龐大無比的，隨著時間，會有大量物質因地形作用而移動（侵蝕、崩坍、堆積、削平作用）。也就是說，在地質年代內相當短的期間，地形作用可以快速地削平地面上的高地，而使地形循環齒輪與地質循環脫離銜接。但事實上，這種脫離的情況卻不會發生，因為地質循環藉著地殼均衡作用與地變作用，不斷在調整大圓輪的體積，故能緊緊地咬著地形循環齒輪。

在岩石圈以及軟流圈（大約自地表以下40公里開始）中運作的是對流循環。它的物理實況並不像地形循環的齒輪一般，能被清楚明確地說明，但是如果把它看作是一種複雜而不定型的對流作用，那麼一個基本的對流物理作用，就可以成為連貫地球內部能源與岩石圈內構造作用的有利工具。

對流循環齒輪和地形循環齒輪間的主要差異是：前者體積大、向地下作用的深度大、由一個低弱的能源推動、運動緩慢，而且在同一時間與體積龐大的物質發生交互作用（造山作用、造陸作用及火山作用），並藉著地變作用，可以重複地調整地殼的均衡。

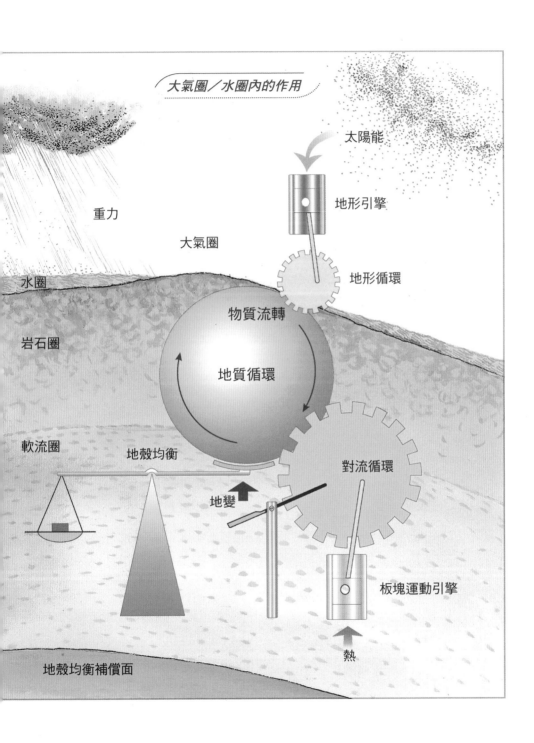

大氣圈／水圈內的作用

太陽能

重力

大氣圈

地形引擎

地形循環

水圈

岩石圈

物質流轉

地質循環

軟流圈

地殼均衡

對流循環

地變

板塊運動引擎

熱

地殼均衡補償面

↑ 墾丁海岸的地貌述說著它的成因：由隆起的珊瑚礁台地與墾丁層中巨大岩塊構成的山丘形成主題景觀。

第二種作用為外營力作用，是指地表與大氣圈、水圈、生物圈接觸之後，產生的交互作用，這些作用的原力都來自重力及太陽能。外營力的作用基本上分成三大類：風化、塊體下坡運動及侵蝕。風化作用使岩石物質的強度降低。塊體下坡運動則是在重力作用控制下，鬆散物質向下坡的移動。侵蝕作用最容易觀察，它包括河流作用、冰川作用、風力作用等等。這三種作用常常是前後連續的，尤其是在大風浪、大暴雨之後，河水的沖刷，以及排空的大浪，都展現著大自然侵蝕、堆積的作用。

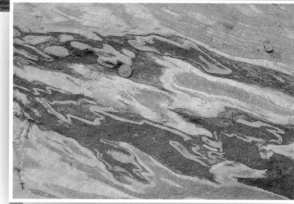

↑ 流褶皺造成的岩石彎曲現象。本圖攝於太魯閣峽谷慈母橋下。

外營力對地表的作用，彷彿雕刻家的刻刀，雕出了鬼斧神工的作品。如果想要

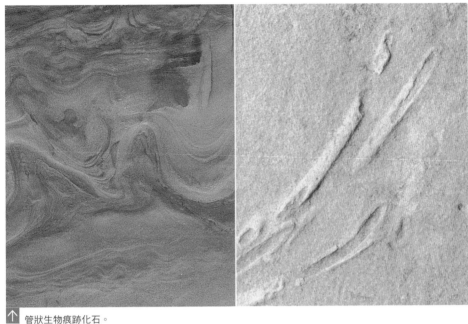

↑ 管狀生物痕跡化石。

瞭解山的發育史、形貌，以及山形之美，都必須認識外營力的作用過程。

基本上，褶皺、斷層、火山作用等造成了原始的地形，地表的風化、侵蝕作用則造成了今日所見的地貌。

更多的地形作用也記載在岩石裡，根據岩層、岩石、地質構造的研究，可以讀出褶皺、斷層和火山作用的故事，也可以重建某一地質時代生物的生存環境。

風化作用

大多數的岩石在地球表面都會持續地發生物理性的破裂與化學性的分解。破裂作用乃是岩石在溫度、冰霜、熱脹冷縮、應力減低、植物根部的楔裂作用，以及磨蝕等等作用進行下造成的。這些不同的作用多半經由水、風以及冰等介質而完成。化學風化作用主要的過程包括氧化、碳酸化、水合、水分解以及離子交換等化學變化。岩石受到物理的破裂作用以及化學的分解作用後，供給了形成土壤的基本物質。

↑ 新北市大華壺穴是河水侵蝕河床的證據：圓形洞穴是流水挾帶了沙子，在渦流旋轉下，長期挖鑿所造成的。

風化作用造成的景觀十分常見，最理想的觀察地點是野柳海岸。

塊體下坡運動

下坡運動（包括山崩、地滑、坍方……）泛指地表經風化作用而破碎的岩屑及土壤，在重力影響下，向下坡移動的各種作用。但這個作用裡並不包括風化物質受風、冰及流水等介質的搬運作用，這些搬運的過程稱為侵蝕作用。

侵蝕作用

風化物質的搬運作用是藉著風、流水、冰川、波浪、海流等介質而進行，這些介質的運動稱為外營力，供應這些營力的能源則來自太陽能和重力（位能）。介質在運動的過程中不但能搬運風化物質，也直接對經過的岩石表面產生磨蝕作用。而被這些介質挾帶、搬運的風化物質，不但彼此磨碎，更加劇了對介質經過的岩石的磨蝕作用。

堆積作用

　　侵蝕作用搬運岩石物質達到「侵蝕基準面」（通常為海平面）之後，就進入了堆積作用的領域。堆積作用和侵蝕作用合作，使地表達到均夷的效果，趨向於平坦化。河流作用可以造成堆積地形，風、地下水、波浪以及海流等，也可以造成明顯的堆積地形。彎曲河道的內側常有堆積坡形成，海灣地帶常有沙灘、沙洲、礫灘的堆積，河階地更是堆積作用造成的景觀。

> **均夷作用**
>
> 侵蝕和堆積作用共同使地面趨向平坦的作用稱為均夷作用。

生物造成的地形景觀

　　珊瑚礁就是一種生物活動造成的重要地形。

↓　位在澎湖蒔裡海水浴場的岸邊是珊瑚礁，它可是生物作用造成的地形呢！

台灣地形發育的背景

大地構造

　　台灣在地殼構造上正處於歐亞大陸板塊與太平洋海底板塊的邊界。兩板塊間的相對運動頻繁不已，這也正是台灣多地震的緣故。但台灣本島的地質與日本、琉球、菲律賓卻有顯著的不同，最明顯的是火山少。

　　造成此種差異有兩個原因。首先，台灣在西太平洋的火山島弧花綵列島上，位居琉球島弧與菲律賓島弧（又稱呂宋火山島弧）的交界，地殼運動的性質特殊。外形上，台灣本島弧狀凸部指向大陸而非太平洋，與標準的島弧相反。而且台灣是在大陸地殼上的島嶼，與其它島弧不同。其次，更新世以來兩個板塊間的主要相對運動，已經移到馬里亞納海溝，因此劇烈的火山活動和地震已經轉移到這些地方。馬里亞納海溝與東台灣之間，並形成了菲律賓海板塊（太平洋板塊邊緣的小板塊）。在菲律賓海板塊與台灣本島之間，目前相對運動大部分已經屬於水平運動。

　　地球的外殼在漫長的地質年代裡一直演變著。海洋和陸地的分布也隨著板塊的聚散而不斷改變它們的相對位置。今日的大地構造，不但保留了以往運動的痕

花綵列島

花彩列島是地球上綿延最長的一串火山島嶼，代表著太平洋海底地塊與歐亞大陸地塊的分界線，包含阿留申群島、堪察加半島、庫頁島、日本列島、琉球群島等。這些島嶼的分布連成一串串的弧狀，它們的凸面都面向太平洋。這些島嶼位在地殼的破碎帶上，所以火山、溫泉和地震等地殼活動特別活躍。

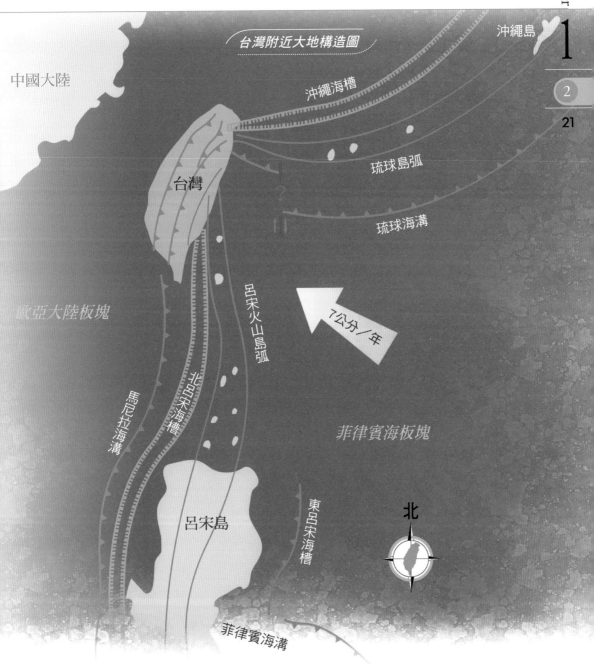

台灣附近大地構造圖

沖繩島

中國大陸

沖繩海槽

琉球島弧

台灣

琉球海溝

歐亞大陸板塊

呂宋火山島弧

7公分／年

菲律賓海板塊

馬尼拉海溝

北呂宋海槽

呂宋島

東呂宋海槽

北

菲律賓海溝

北

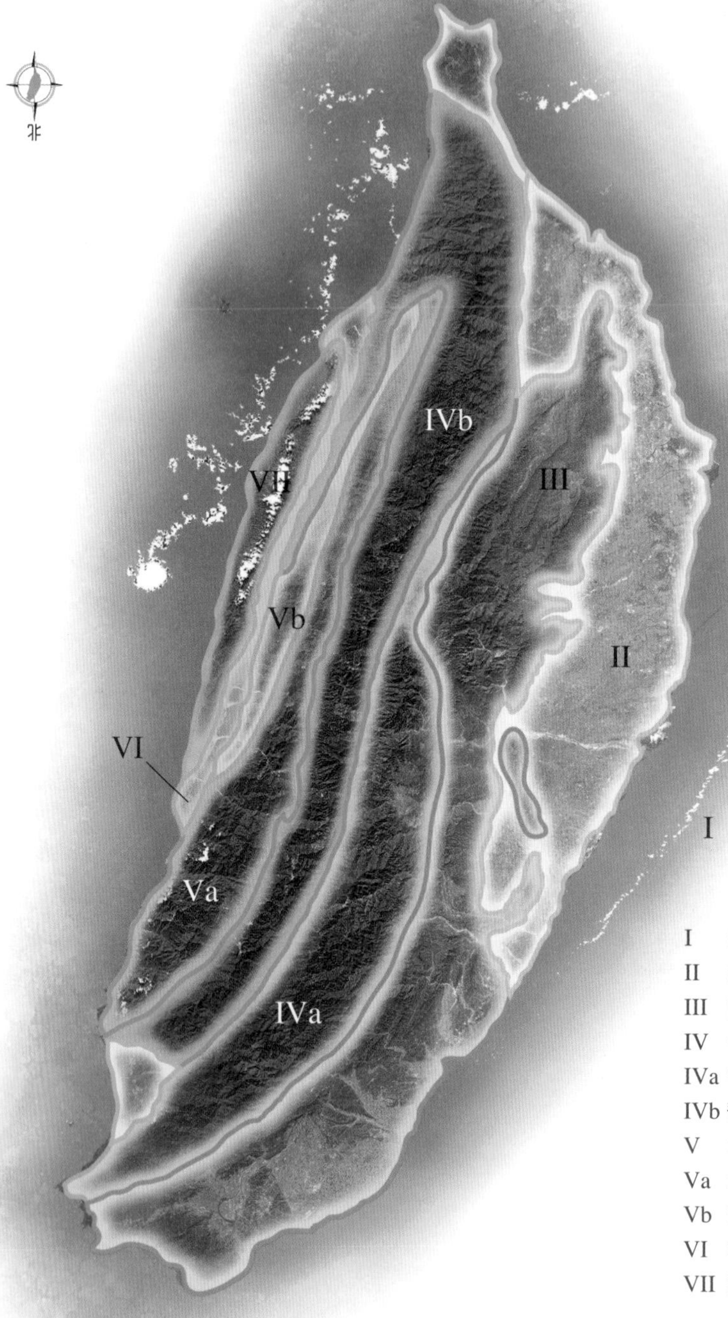

I　澎湖群島
II　濱海平原
III　西部麓山地質區
IV　中央山脈西翼地質區
IVa　雪山山脈帶
IVb　脊梁山脈帶
V　中央山脈東翼地質區
Va　太魯閣帶
Vb　玉里帶
VI　花東縱谷
VII　海岸山脈地質區

跡，也暗示著下一步的路徑。這些大地構造的單元可以從地形、地震、火山活動以及它們的地質特徵分辨出來。

台灣附近屬於花綵列島的火山島弧，一個是琉球島弧，它延伸到蘭陽平原附近，礁溪的溫泉可能和這個構造單元有關；台灣北部的火山，例如大屯火山群、基隆火山群、基隆嶼、龜山島等，可能也和這個島弧的火山活動有關。

另外一個火山島弧是從台灣向南延伸的呂宋火山島弧。它包含東海岸國家風景區裡的奇美火山雜岩以及綠島、蘭嶼等火山島。

上述的兩組火山島弧都在台灣本島上結尾。秀姑巒溪下游的奇美附近，正巧是南邊呂宋火山島弧的北方末端。根據同位素定年研究，奇美火山雜岩的年代約在距今1,000萬年前後，很難想像，在那麼古老的年代裡，這兒曾有火山活動的壯觀奇景。

而北呂宋海槽向北延伸到台灣本島後，銜接上花東縱谷，這兒正是台灣本島最寬大的活動斷層帶，不僅有著頻繁的地震，各種精密測量的結果也指示著明確的水平地殼運動和垂直地殼升降運動。

❶ 馬尼拉海溝
❷ 北呂宋島弧
❸ 琉球海溝
❹ 台灣海峽
❺ 恆春海溝

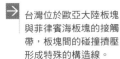
台灣位於歐亞大陸板塊與菲律賓海板塊的接觸帶，板塊間的碰撞擠壓形成特殊的構造線。

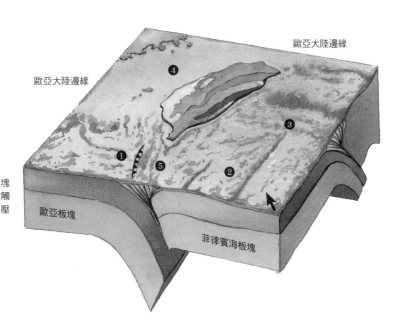

↑ 台灣深受板塊運動的影響，各山脈的高度均逐年上升。圖為位於中央山脈的中央尖山。

台灣島的造山運動

地殼的垂直升降

　　地質學家發現恆春半島、海岸山脈及台南一帶，平均上升率自9,000年前以來，大約都是每年5.0±0.7公釐。而北部海岸一帶，在1,500至5,500年前的上升率非常小，每年不大於2公釐；但是5,500至8,500年前，上升率卻高過每年5.3公釐（彭宗宏、李遠輝、吳大銘，1977）。另外，花蓮地區的海岸珊瑚礁每年上升約6到9.7公釐，與北部和南部海岸珊瑚礁每年上升約1.8到4.8公釐相比較，顯然花蓮地區上升非常迅速；尤其民國40年花蓮大地震，地表突然就上升約1公尺。

　　可見，台灣本島的最小上升速度隨地不同，而且各地的上升差額相當可觀。

　　劉聰桂（1982）根據核飛跡定年研究，判斷台灣60萬年來上升速率約每千年8公尺（即每年8公釐）。而根據沈積岩的研究，顯示更早期的造山運動自上新世

（約700萬年前）即已開始，但是80到93％的上升量是在更新世（距今100到1萬年前）完成。估計總上升量約在4到10公里之間。換句話說，造山期內的上升率應當從每年小於1公釐到每年數公釐。

再根據1914年到1979年間的三角點新舊高程差，也顯示當今台灣島的地盤正處在強烈活動中，且除了幾處沿海外，全島上升。而如此急速的地盤上升，則誘導了快速的河流下切侵蝕作用。

地殼的水平位移

台灣附近地區由於歐亞大陸板塊與菲律賓海板塊相互擠壓的結果，在東南－西北方向上，每百萬年收縮70公里，相當於每年7公分。

蘇強（1980）進行北台灣地質剖面的原始地層模擬復原工作，認為台灣的新生代地層，自上新世迄今，水平方向已縮短了160至200公里。

亞洲大陸與菲律賓海板塊上島弧間的碰撞，自400萬年前從北開始，並逐漸南移。因此，北台灣的變質、變形度都較高，地殼上升量也較大。

台灣島的侵蝕率

台灣島的物理侵蝕率及化學侵蝕率，可以分別從島上河川中的「懸移質」含量及化學成分推算。

根據李遠輝（1976）的研究，台灣高山地區的總剝蝕率達到每年每平方公分1,365毫克（mg），山坡地也達到325毫克。與全亞洲的平均剝蝕率31毫克、北美洲的9毫克，以及阿爾卑斯山的100毫克比較，本島的剝蝕率是駭人聽聞的。本島高山的化學剝蝕率達65毫克，山坡地達38毫克，比起亞洲的平均化學剝蝕率3毫克、阿爾卑斯山的18毫克，還是大得多。

吳健民（1968）估得本島平均年剝蝕量為9.53公釐；李遠輝的估計為每年約5.5公釐。

林淵霖（1977）根據水庫淤沙量估計集水區的沖蝕程度，指出石門水庫集水區在1964年到1970年間的平均年沖刷量約達5.9公釐，1971年到1972年間為3.2公釐；霧社水庫1957年到1966年約為每年6.3公釐。

海階

岩台

↑ 花東海岸常見陸地相對抬升而造成的海階和岩台。在海岸的稱岩台，通常沒有土壤及植被覆蓋。離岸繼續隆起的稱海階，通常已有土壤及植被覆蓋。

　　如以石門水庫集水區為例，在10萬年間總沖刷量可達約600公尺，以百萬年計可達6,000公尺。所以，如果侵蝕作用持續以這種速率進行，而台灣島的地盤不再繼續隆起的話，那麼只需要50萬年，台灣就將夷成平地了。

當今的地殼變動證據

　　台灣本島的三角測量始於1914年至1921年間。後來，在1976年到1979年間再度進行檢測。前後60年間兩次測量資料的比較，發現海岸山脈和花東縱谷以西地區（即中央山脈）之間有顯著的相對移—海岸山脈上的各個三角點都向西北西或北北東的方向移動，近70年來，移動的距離總共高達3至4公尺。

　　1983年到1988年間，中央研究院地球科學研究所在花東縱谷地區重複實施精密測量，也發現在花蓮縣的玉里、富里附近，海岸山脈和中央山脈之間水平聚合的速度，最大可達每年2.3公分。而且，如果把這個聚合作用最劇烈的位置向東、西方向延伸，正好就是海岸山脈的高峰新港山（1,682公尺）和中央山脈的玉山（3,952公尺）。

　　精密測量的結果顯示，海岸山脈中段的地盤上升最快，南段次之，北段最緩。海岸山脈在玉里、池上地區有顯著的地殼上升運動，而且呈現穩定、持續、快速的特性。上升率可達每年2公分。

　　台灣本島有三個主要的地震帶，其中的東部地震帶包括花蓮至台東間的縱谷、海岸山脈和它東方的外海地區。地震頻頻震撼著本地區，表示這裡的地殼處於一直在運動的過程中。

冰河時期的環境特徵與地形作用

　　花粉化石、動植物化石以及海底沈積物的研究，都證實了冰期的出現。當冰期來臨時，會有許多地理上的變化，例如地球上的氣溫普遍降低、間熱帶輻合帶（降雨帶）南移、陸海的面積比例也改變了。這些大環境的變化，對台灣也有相當的影響：

❖ 氣溫降低

　　冰期來臨的時候，由於氣溫普遍降低，使得雪線、森林線下降，寒帶植物興盛。據估計，雪線下降的幅度在東南亞地區可達1,000公尺，溫度下降達攝氏五度之鉅，台灣地區的森林線也隨之下降，許多高山常年積雪，使得物理性的風化作用更見興盛。

↑ 河流作用切割成的太魯閣峽谷。

❖ 間熱帶輻合帶（ITCZ）南移

由於北方大陸的高氣壓更形強大，使得間熱帶輻合帶南移。

「間熱帶輻合帶」是南北信風帶之間的區域。在這個帶狀地區內，由於上升氣流旺盛，因此降雨強盛。本區也是颱風生成的區域。間熱帶輻合帶的南移，使得台灣的降雨量顯著減少。加上冷氣團（蒙古冷高壓）和暖氣團（副熱帶太平洋高壓）的交接滯留鋒面（梅雨鋒）位置也南移，所以台灣西部平原可能沒有了颱風、午後雷陣雨、西南季風，也沒有了梅雨。只有東北季風仍帶來大量的雨水，且寒冷的氣團更強烈。綜合地說，台灣地區的降雨量急遽下降，季節性明顯，西部地區則更見乾旱。

⬇ 大氣圈和岩石圈的交會。岩石暴露於空氣中就會產生風化作用（weathering）。 岩石在與大氣接觸的過程中產生物理、化學變化而在原地形成鬆散堆積物的全過程。

❖ 海水面下降、陸地面積增加，氣候更具大陸性特質

冰期來臨時，極地的冰帽擴大，海水面大幅下降，最多可降至今日海水面以下140公尺（有些地質學家認為可能降至200公尺以下）。這時，陸地的面積擴大許多，整個東海海底都露出水面（台灣海峽此時則不存在）；南海盆地除了低窪的地方外，也都成為陸地。因此，來自北方和西南方的氣流都比今日乾燥，西台灣於是呈現大陸性氣候的特徵—乾旱、稀疏的植被，如果再間隔季節性的驟雨，造成挾帶大量沙石的泥流，那麼土壤的沖蝕量必定比今日強大許多倍。

除此之外，海水面下降改變了黑潮的流路，這也會影響台灣附近的氣候。

海水面下降，除了造成前述氣候改變外，也造成台灣本島侵蝕基準面下降（約140公尺）。這使得河流下切的能力增強許多、河床的坡度變陡、河水的搬運能力大增。於是大量的碎屑物質堆積在河流出海口，形成了大型的沖積扇。

 十分寮瀑布是河流地形中的傑作，它的下游展現了劇烈的河流下切作用。

台灣島嶼的形成與演替

　　台灣地處副熱帶與熱帶的交界，平地年平均溫高達22℃，降雨量約達2,500公釐。季節性的降雨量變化很大，加上山高、坡陡，河流短促，因此河川侵蝕劇烈。

　　任何區域性地形發育的背景因子中，都包括了氣候及地質兩個主軸。氣候因子和當地的地理位置相關，它不但決定了侵蝕營力的種類，也影響著侵蝕營力的強度。地質因子則反映了當地的地形發育基礎以及地質材料。

　　地質構造形成的原初地形也控制了侵蝕營力的能量，因此討論某一地區的氣候和地質，是瞭解地形作用及地形發育的前提。

　台灣在中生代末期的南澳構造運動（約一億年前）中，可能曾形成山脈，但是在長期的侵蝕和地殼變動後，陸地又深埋海底。新生代以前的古地理，如今已難追溯，最近的台灣地質史，大致上要從400萬年前說起。當時從本島東南方擠壓過來的島嶼地塊，在花東縱谷一帶撞上了亞洲大陸。強烈的壓力，把海底的沈積物擠壓到海水面以上，伴隨的褶皺運動及斷層運動，則形成了台灣造山帶。從那時起才有今日台灣的地質基礎。

　東來的擠壓力一直不停，因此台灣一直處在動盪不安的環境裡。斷續的地盤隆起、頻繁的地震，以及劇烈的侵蝕及火山噴發等等，在台灣各地造成眾多的河谷、沖積扇、河階地、礫層等等。由於地表不斷地隆起，直到今日，恆春半島的上升率仍然高達每年半公分（根據碳十四同位素定年測定）。以一萬年計算，台灣的上升高度約達50公尺以上。如果以100萬年來計，則可達5,000公尺以上。

　地殼快速隆起，把地質年代甚晚的沈積岩層暴露到大氣中，承受風化、侵蝕、山崩等作用，造成五嶽、三尖、十峻、九嶂、八十四峰等等，3,000公尺以上的山岳超過200座，這些高山深谷都分布在面積僅35,981平方公里的台灣島上。各種不同的地層分布區裡，也雕出各種不同的地形景觀。

↓　北投軍艦岩是傾斜砂岩層構成的。

台灣的地理位置與地形

　　台灣島位在太平洋西岸、亞洲大陸外緣花綵列島的中段。花綵列島是地球上綿延最長的一串火山島嶼，代表著太平洋海底板塊與歐亞大陸板塊的分界線。這些島嶼由於位在地殼的破碎帶上，所以火山、溫泉和地震等地殼活動的現象特別活躍。

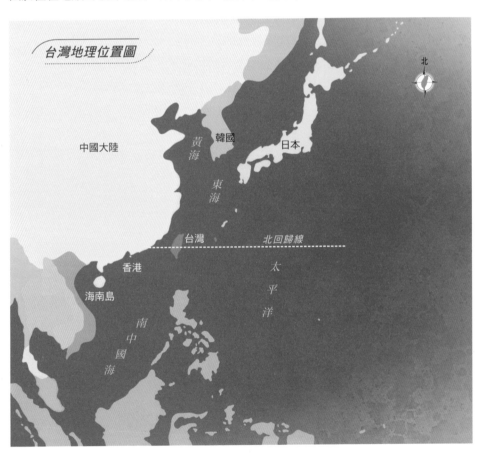

台灣地理位置圖

中國大陸　黃海　韓國　日本　東海　台灣　北回歸線　香港　海南島　太平洋　南中國海　北

　　台灣是一個島嶼，位置在中國大陸福建省東方，隔著台灣海峽和福建省遙遙相望。台灣海峽的最狹處僅170公里，最寬處達250公里以上，平均寬度為200公里。

　　台灣地區是由86個大小島嶼組成，包括台灣本島、澎湖群島，以及散布在四周海域的21座離島。其中，澎湖群島就包括了64座面積不等的小島。就相對位置來說，這些島嶼都分布在亞洲大陸的大陸棚邊緣，蹲踞在中國東南邊緣的東海和南海海域，地理位置十分重要。

　　台灣本島的西側是台灣海峽，最淺的地方不及100公尺；東側面臨太平洋，海底地形大異於西岸，東岸的地形急遽下降，在40公里的短距離內，深度降至4,000公尺以下。西岸的平原、沙洲、淺灘、潟湖、潮汐灘地和沙丘等地形，與東岸陡立的岩石海岸，形成強烈的對比。

　　台灣本島是一個地質年代甚輕的褶皺山脈地區，區內高山迭起，形成一個高山島，山脈的走向與島的延長方向近乎平行；中央脊梁山脈分布在本島中央偏東的位置。

　　台灣本島的地形分述如後：

山地地形

　　台灣山脈的延伸方向和島軸或主要的區域地質構造方向大致一樣。主要的山脈有中央山脈、雪山山脈、海岸山脈及大屯火山群等。依據高度分析，台灣地區3,000公尺以上的土地佔台灣總面積的0.9%。高山山形峻秀嶙峋，無與倫比。登山界更選取其中的數座高峰峻嶺，登錄為五嶽三尖，分別是玉山、雪山、秀姑巒山、北大武山、南湖大山及中央尖山、達芬尖山和大霸尖山。

火山地形

　　台灣位於環太平洋火山帶上，有基隆、大屯和澎湖群島三個主要的火山群。基隆火山群年代最新，位於台灣本島的東北部，地形上以侵入岩體受侵蝕而露出地

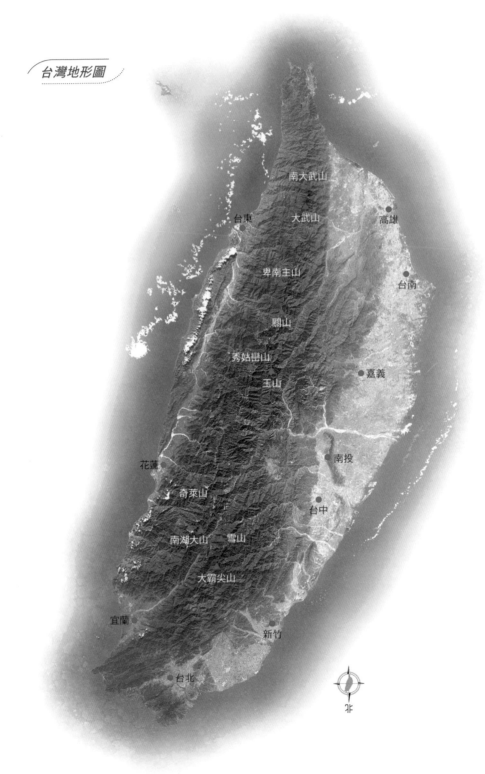

台灣地形圖

南大武山

大武山

台東 ● 高雄

卑南主山

● 台南

關山

秀姑巒山

玉山

● 嘉義

花蓮 ● 南投

奇萊山

台中 ●

南湖大山 雪山

大霸尖山

宜蘭 ● 新竹 ●

台北 ●

北

表的塊狀火山岩為主，最高峰約589公尺，名為基隆山（雞籠山）。大屯火山群位於台灣北端，是由安山岩和集塊岩交疊構成的成層火山，大屯火山群仍有相當顯著的後火山活動現象，如硫氣孔、溫泉等等，最高峰七星山海拔約1,120公尺。至於澎湖火山群，則位於台灣海峽之中，除了花嶼外，都是玄武岩構成的平緩熔岩台地，後來經過長期的侵蝕，乃形成64個大小島嶼群，最高點在大貓嶼，只有79公尺。

山麓丘陵及切割台地

台灣的丘陵區分布在高山帶的外圍，呈不連續的分布現象，主要在中央山地的西部，從北而南有飛鳳山丘陵、竹東丘陵、苗栗丘陵、斗六丘陵、嘉義丘陵、新化丘陵及恆春丘陵等。台地則全部分布在丘陵和山地的兩側，而且全部集中在台灣西部地區，從北而南有林口台地、桃園台地、中壢台地、平鎮及伯公岡台地、湖口台地、后里台地、大肚台地、八卦台地及恆春西方台地等。

盆地地形

中間低平、四周環山的地形稱為盆地。規模較大的盆地有台北盆地、台中盆地、埔里盆地及台東的泰源盆地等等，大多是因斷層下陷而造成的構造盆地。

河流地形

台灣全島的重要河川共有151條，其中主要河川19條，次要河川32條，普通河川100條。由於台灣島的地形是由中央山地向東西兩側偏傾，因此脊梁山脈便成為台灣河系主要的分水嶺，河流以東西流向為主。台灣島西坡河川較東坡流路長，但一般來說仍屬流短坡陡、水流湍急的急流性河川。

尤其台灣地區的降雨在季節上、空間上及能量上的分配相當不均勻，暴雨時水量豐沛，流量及輸沙量驚人，乾季時則流量枯小，甚至呈荒溪型態。在地質構造

↑ 大漢溪曲流形成溪口台河階。

上，台灣造山作用活躍，屬於一個活動帶，河谷上游地形陡峻、地質脆弱，常易發生崩塌、表土沖蝕及河床沖刷；下游河谷寬廣，更常因驟雨洪水挾帶的大量泥沙而沖積成氾濫平原。

台灣較特殊的河流地形有：峽谷地形、河階地形、瀑布景觀和壺穴地形等等。

平原地形

平原地形都分布在近海地區和河流兩側，高度在100公尺以下。除了部分隆起的海岸平原外（如台中清水、彰化沿海及花蓮沿海等），大部分都是由河流沖積而成的平原。此外，花東縱谷平原是沿著斷層谷發育而成的沖積扇平原；蘭陽平原和屏東平原則是地殼下陷後的堆積性平原。

↑ 大量的河道沈積物孕育了花東縱谷沖積平原。

隆起珊瑚礁地形

發育良好的隆起珊瑚礁都集中在台南到屏東鵝鑾鼻附近，是過去沿岸裙礁隆起所留下的遺跡。偶爾可見的珊瑚礁石灰岩洞穴，是經過岩溶作用而形成的喀斯特（石灰岩）地形。

海岸地形

台灣四周環海，海岸大致可以分為四區：

❶ 北部海岸——海蝕地形發達。

❷ 西部海岸——海岸線單調平直，沙灘綿長，海埔地寬廣，沙洲、沙丘與潟湖等羅列。

❸ 南部珊瑚礁海岸。

❹ 東部斷層海岸——海蝕地形十分顯著。

↑ 石梯坪火山岩海岸岩台。

↑ 西海岸蚵田搭建在堆積的潮汐灘地上。

沿海沙洲

沙洲地形在台灣西部隆起海岸線附近十分常見，通常是由河流帶下的沙礫堆積在河口附近，再由沿岸流或潮流搬運作二次堆積後形成。台灣地區沿岸沙洲發育最良好的地方在嘉南沿海一帶，具有規模較大的沙洲群。其中，最著名的是外傘頂洲。

火山島嶼

台灣的外圍有許多島嶼，面積約佔全台灣的0.6％。這些島嶼幾乎都是火山島，最主要的是澎湖群島。此外還有彭佳嶼、棉花嶼、花瓶嶼、基隆嶼、龜山島、綠島、蘭嶼及非火山島的小琉球、七星礁等。

海底地形

台灣四周的海底地形非常複雜。基本上，可以分為台灣海峽和東部外海兩部分。台灣海峽的深度大部分淺於100公尺，尤其是海峽北部，即澎湖群島以北，水深多淺於80公尺。

　　其中淡水河河口西北方40至50公里處的海床是一凹地；濁水溪外海則是一沙質海床；澎湖群島四周的海床多礁石，深度變化較大；而在澎湖群島和台灣本島之間，則是低凹的細沙質海床，稱為澎湖水道；至於台中到安平一帶的外海，水深都不及40公尺，沿岸廣布淺灘和沙洲。

　　台灣本島以東是太平洋的緣海—菲律賓海，水深變化急遽。台灣東南外海與綠島、蘭嶼之間的海床，是海脊和海槽相互平行的地形。花東海域離岸較遠處的海水較為清澈。

　　花東沿海的大陸棚甚為狹小，離岸水深常急降至20到30公尺。在大陸棚外，則急降到數千公尺深，這和台灣西部海岸多為平坦緩降的情形迥異。

　　花東沿岸大陸棚的海底多礁石分布；但在近岸處，終年受到海流、潮汐作用以及沿岸溪流的沖積作用，海底泥沙較多，大小不等的岩石次之，珊瑚礁或岩礁則較少，使水質較為混濁。這些礁石的表面也多被沈積物覆蓋。

台灣周圍海底地形圖

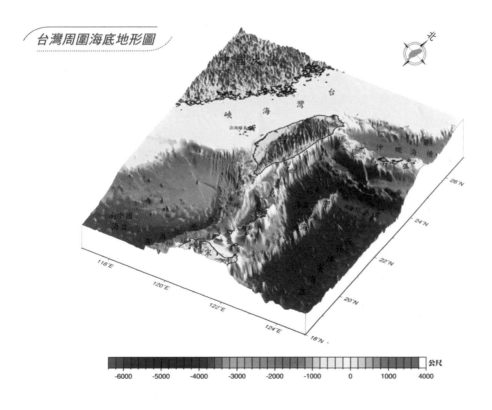

地景的意義與價值

近年來，由於生活水準提升，國人對生活品質及環境保護都日漸重視。

地景的品質是環境品質的一環，美麗、生動而特殊的地景，是一種可供人類利用的資源，它提供的功能也就成為人類保護它的理由。加上地景資源具有相對稀少、不可再生、不可移動等特性，當文化、經濟水準發展到相當程度，地景資源的價值也相對提升。因此，保護地景資源，避免損壞，是今後從事開發建設時，必須考慮的因子。

地景是一種非再生性的資源

這是個「加速成長」的時代。不論人口、科技或隨之而來的衝擊，影響總是相同的——即地球上有限資源所受的壓力日增，大量消費的結果，使它愈趨匱乏。地景既為一種資源，就必須從這個架構來考慮，我們的地景不僅是一種有限的資源，而且遭到破壞的地景是無法復原、不可逆的。

從物質循環的觀點來看，物質循環是地球循環系統的一部分。其中，大氣環流涉及空氣。空氣循環所需的時間較短，因此改變時的反應較為敏感，往往在改變發生後短時間內即明顯可見其後果。岩石圈所含物質的惰性最大，因此在一定時間內，對人為變化最具抗拒。但換個角度來說，地景的改變，也具有持久性，因此使它具有非再生性資源的性質。

 攝於2000年。

福爾摩沙的故事 獨特的容顏——北台灣

地景是一種健康的、精神的遊憩資源

民國七〇年代中期以來，國人遊憩活動的時間日益增加，人們普遍瞭解環境品質的重要性，他們開始要求更清新的空氣、更純淨的水源，以及減少視覺景觀上的破壞，這也使得地景成為一項重要的遊憩資源，且地景的品質更是遊憩資源的主要內涵。

交通部觀光局的調查證實，旅遊是國民的主要戶外活動之一，國民喜愛的旅遊地點是名勝風景。經建會研擬的「台灣地區綜合開發計畫觀光遊憩系統之研究」中，列舉了21項區域性的戶外觀光遊憩活動，其中大多數直接需要自然景觀做為遊憩資源。

地景除了可提供人們鍛鍊體魄的環境外，壯麗、奇偉的地景，也是提供靜態休憩活動以及激發靈感的場所，滿足人們生理及心理上的需求。

環境景觀是一種歷史資源

環境景觀是經由人類的血汗、靈感以及夢想打造而成的。從環境當中，我們可以看到先人們歷經種種考驗的痕跡。這些痕跡使我們對過去有著難以取代的感情，是先人留給我們的遺產，相當重要。

野柳的女王頭是一項重要的景觀資源，兼具科學的、精神的以及觀光的價值。風化作用使她的頸部愈來愈細，萬一斷了豈不殺風景！可是，任何人工妝扮也都不被接受啊！

↑ 通往墾丁的屏鵝公路切開了山坡地，造成不穩定的危險邊坡。為什麼不讓道路爬個坡上下，開車的人稍慢點呢？看風景可不宜開快車啊！

　　地景在個人生長的過程中也扮演著極重要的角色，每一個人的潛意識及行為、態度，往往都與過去所見過的景觀有關。美國總統詹森說過一句話：「土地的美是一種天然資源，它的保護與否跟我們精神生活的富足有關。」而台灣隨著經濟發展的腳步，屬於我們的地景漸漸地在消逝中，如果有一天我們辨認不出自己的地景，那麼我們的文化也就真的沒落了！

地景具有科學及教育上的價值

　　大自然是一切科學發展的泉源，無論是生物科學、自然科學或是工程科學，都可以從自然中找出法則。自然環境也是自然實習的最佳場所，是大眾教育與學校教育的最好教材與教學環境。

地景具有經濟上的價值

地景保護（留）區的設立可以促進周圍地區的經濟活動，由於這些活動是分散性的，因此金錢的流通涉及許多人，經濟利益直接分配到地方各個行業中，可以使周圍地方得到普遍的繁榮。

環境保護的價值

藉著限制不當開發及大型工程活動，地景保護也有助於集水區保護、生物的保護、水質及水量的保護、歷史與古蹟的保護、原始環境的保護、觀光遊憩資源的保護，以及土地資源的保護等。可以避免許多人為因素所引起的災害，而成為安定的自然環境。

環境景觀是無價之寶，它是非再生的有限資源。我們在處理環境時必須要牢記這些原則，才能維護地景，使它成為我們精神上最好的寄託；在歷史上留下最好的痕跡，提供我們消遣遊憩的最佳去處，這也是留給後世子孫最好的財產。

↓ 太魯閣口的山坡。因為開礦而出現了疤痕。如果早在開礦之前就劃設國家公園，那麼就不會發生這種事了。

北海岸

↑ 野柳漁港南方的丘陵地是由傾斜成層的沈積岩構成。硬的砂岩凸出成峰；頁岩質地鬆散，形成谷地。一山一谷平行排列，形成「同斜嶺」。

北海岸的氣候

　　由淡水河口到三貂角間的海岸，一向以奇岩怪石著稱，變化多端的海蝕地形極富造形之美。這與當地的氣候有密切的關係；其中，風及降雨兩項因素，是促進地形發育的主要原因。

　　風是形成波浪的主要因素，而波浪侵蝕力的強度與風速成正比。也就是說，風力大，波浪侵蝕能力也愈大。北海岸地區，迎面正對東北季風的吹襲；東北季風盛行於每年10月至次年的3月，風速每秒可達10至17公尺，最大風速甚至曾經高達每秒21.3公尺，且東北季風持續的時間頗為長久。

　　此外，夏、秋季時，常有颱風來襲，風速平均高達每秒25至35公尺，最高曾達

每秒43公尺。海水面受到強烈颱風的影響，可升高3.5公尺左右，此類由颱風所造成的海浪，具有極強的侵蝕力。

雨水藉著水化、氧化、水解、碳酸化與溶解等作用，可對岩石產生軟化作用，使堅硬的岩石受風化變軟，而易受波浪的侵蝕。據統計，北海岸地區的年降雨量高達3,414公釐，年平均雨日達196日，大部分集中於10月至翌年的3月。冬季東北季風受到地形的影響，形成地形雨，因此全季多陰雨綿綿；此外，夏季的颱風也常常帶來豪雨。如此豐沛的雨水，造成長期的潮濕環境，配合高溫，更有助於風化、侵蝕作用的進行。

在氣候、地殼運動與地質等因素的配合之下，使得北海岸能夠發育成標準的海蝕地形，這在我國沿海地區是非常特殊的。

↑ 瑪玲鳥石是砂岩中夾雜的堅硬鈣質塊石，經差異侵蝕後，形成奇石如鳥。

↓ 上下岩層性質不同，經侵蝕後形成蕈狀岩。上層的岩石是鈣膠結為主的砂岩，較堅硬。下層的岩石是鐵膠結為主的砂岩，較鬆散，容易受風化而剝落。

雪山山脈

石碇皇帝殿

三貂角
石城
卯澳灣
福隆
鹽寮
貢寮
澳底
雙溪
十分寮
基隆河谷
和美
金瓜石
瑞芳
龍洞
鼻頭角
深澳
基隆
五指山
基隆山
八斗子
和平島
大武崙
情人湖
翡翠灣
野柳
萬里
金山
國聖灣
清水
跳石海岸
萬里

北海岸景觀據點位置圖

新店

山子腳山塊

台北盆地

五指山

林口台地

天母

北投　關渡

竹圍　　觀音山

七星山　陽明山　　　淡　水　河

大屯山

淡水

竹子山　　　　　　沙崙

北新莊

富貴角

三芝

淺水灣

新莊子

白沙灣　　麟山鼻

石門

富貴角

北

 馬岡的海蝕平台表面相當平坦，有許多小型的潮池和潮溝。 春季時，海蝕平臺生長許多綠油油的石蓴與綠色藻類，猶如鋪上了一層天然的綠地毯。

海岸地形作用

　　海水藉著波浪、潮汐、海流三種運動方式，經年累月不停地衝擊著海岸，進行侵蝕、搬運及堆積的作用。在這個過程中，塑造了許多海岸小地形，如海蝕崖、海蝕平台、海灘、沙嘴和潟湖等，使海岸地形富於變化。

海水的運動方式

波浪

　　俗語說：「無風不起浪。」平常在海面上見到的波浪，大多是風所推動的，但特別巨大且可以傳遞很遠的巨浪，可能是因為某種地變使大量海水突然發生劇烈

震盪而引起，如火山爆發、海底崩山，和大量石塊自陡立山坡墜入深海等。這種巨浪，對海岸有著強大的破壞力。

一般藉著風而產生的波浪，受到了下列三個因素所支配：

● 風速：風速加大，風力加強，波高必大。

● 持續的時間：時間愈久，波浪愈大。

● 風通過海面的範圍。

潮汐

海面在一日中規則的漲落現象稱為潮汐。潮汐是由月球和太陽對地球的引力作用所形成的；由於兩物體間引力的大小與距離的平方成反比，所以儘管太陽的質量較大，但是比起月球來，距離太過遙遠，所以對地球的影響力也就比月球小。

鼻頭角海崖
由於波浪不斷的拍打侵蝕，在海岸邊形成陡峭的海崖；在海崖下方，近海面處形成向內凹入的海蝕凹壁。海蝕凹壁如繼續發展，上方的崖壁常因此崩塌，造成海崖後退。

↑ 老梅的藻礁被海水侵蝕成溝槽狀。

在地球上最靠近月球的一側，由於月球引力和地球離心力，兩者合力推向外側，引動海水鼓漲而為滿潮；反之，在遠離月球的另一側，地球離心力勝過月球引力，也引起滿潮。但和滿潮點成九十度的地方，就是低潮發生的地方。

地球每天自轉一圈，因此在開闊的海洋，每日有兩次的漲潮和退潮。海水因潮汐作用而發生垂直升降，這時引起的水平流動稱為潮流。潮流的速度受地形的影響很大；高低潮間的潮差愈大，潮流就愈強。

海流

海流是大規模的水團運動，通常起因於水團間溫度或鹽度不同，這些物理性差異會造成各水團密度上的差異，因而引起水團流動的現象。

↑ 野柳的薑石。

↑ 野柳斷了頭的蕈狀岩。

　　以上三種海水運動方式都具有侵蝕、搬運及堆積的作用，海岸地形的發育也不外乎受到這三種作用的影響。

海水的侵蝕作用

　　海水運動對海岸的破壞作用，也就是波浪、潮汐、海流同時或個別對陸地邊緣進行侵蝕，使之平坦化的作用。由於海水在運動的時候，本身的質量和速度都很大，所以產生的物理侵蝕力量是相當可觀的。

　　海水侵蝕陸地的方法，又可分為下列五種：

水力撞擊作用

　　指波浪拍打海岸，使岩石崩解以及將岩石物質沖走的作用。波浪在運動的時候所產生的動能十分驚人，據估計，一個高10呎、長100呎的浪打在物體上，可產生每平方呎1,675磅的壓力；若是一個高達42呎、長500呎的浪，則可產生每平方呎3噸的壓力。

空氣壓縮作用

　　海邊崖壁的岩石，很多都具有裂隙的構造。裂隙中的空氣，一旦受到波浪的打擊而急速壓縮，便可產生爆炸似的作用，如此持續不斷，即可碎裂岩石。

磨蝕作用

海水挾帶著由海崖崩落下來的岩屑，磨蝕岩石，叫做磨蝕作用。此外，海水也像一把銼子，以它所挾帶的沙石，向海岸進行著水平的侵蝕，將海岸的崖腳挖出海蝕凹壁，使上方的岩石崩塌下來。在一些由不太堅硬的物質所形成的海岸，這種侵蝕力量最為顯著。

擦蝕作用

這是指「衝濺」與「回濺」海水中所攜帶沙礫之間的相互磨擦作用，也可稱為磨損。

溶蝕作用

溶蝕作用可以溶解岩石中的某些礦物質，特別是對石灰岩組成的岩石，作用更為顯著。

影響海水侵蝕的因素有很多，如波浪的強度、海流的方向、風力與風向、海岸的剖面形態、沿海岩石的性質、岩層構造、侵蝕工具的種類及數量、海岸區域的穩定度、海岸的開敞度等，可說相當複雜。

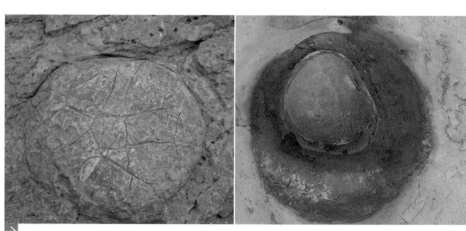

岩層中的結核
「結核」指與周圍沉積物成分不同的礦物質團塊。礦物富集的岩塊有時會比較堅硬，因此在遭受風化侵蝕之後會突出岩石表面。

↑ 鼻頭角的海蝕崖與海蝕平台。

海水的搬運作用

　　海水的搬運作用有向陸搬運、向海搬運與沿岸搬運三種類型。

　　以波浪來說，在碎波帶以上的流濺作用（包括衝濺與回濺）最為明顯：波浪破碎後衝向海濱的衝濺，把物質衝上了海濱，是為向陸搬運；及至衝濺無力前進，海水因重力作用發生後退的回濺，再將細粒物質拉回一部分，就是向海搬運；如果波浪行進的方向與海岸斜交，就可能產生沿岸流。沿岸流搬運物質時，則可能造成沙嘴等地形。

　　波浪到達海岸後，會有一股強大的向海潛流發生於底層，稱為底流，其水色較濁，易於識別。底流的流速大，將泥沙搬運向海，並且具有挖深的作用。至於潮汐所引起的潮流，是週期性的海水水平流動，它的流速則受到潮差與海灣形態的影響，各地不同。

海水的堆積作用

　　海水的堆積作用一般分為海底堆積和海濱堆積，其堆積粒直徑之大小與底流流速以及堆積速度有密切關係。一般而言，底流流速愈大，堆積粒子就愈粗，堆積也愈快，因此通常以碎波帶至濱線（海水面與陸地的交界線）間的堆積粒子最大，由此往陸地或向海則逐漸減小。

地殼隆起的影響

　　要認識北海岸的地形，絕不可忽視新生代第四紀（距今200萬年前以來）的地殼隆起運動，處處造成了陸地相對隆起的地形景觀。但自從第四紀末期以來，由於大陸冰帽消融的緣故，太平洋地區的海水面普遍呈現上升的現象。可是北海岸的地形又非如此；事實上，此地的海水面確實在上升中，只是海水面上升的速度沒有陸地隆起得快，所以海水面反而有相對下降的現象。

　　北海岸的隆起運動本質上是一個褶曲運動，呈曲折狀的隆起，因此有的地方上升速度較快，有的地方上升較慢。根據徐鐵良教授的研究，北海岸有三條隆起軸線，分別位於石門、鼻頭角及三貂角附近。

↑ 南雅里海岸出露侵蝕作用下殘留的獨立岩柱。傾斜的岩層構造清晰可見。

龍洞岬出露的石英砂岩，堅硬無比。

Chapter 2-3

地殼變動

地殼變動往往可以使大塊的地殼發生上升或下降運動，也可以使地殼上的岩石發生傾斜、褶皺、擠壓或斷裂。這些作用都可能改變岩石的形狀、體積或原

蕈狀岩及天然破裂面。

來的位置。地殼變動的證據到處都可以看到，最常見的就是在陸上的岩石中可以找到許多貝類化石，這些海中生物的遺跡，表示原來沈積在海水中的岩石，在經過地殼變動後隆起成為今日的陸地。

此外，生成時層理原本是水平或近乎水平的沈積岩層，在經過地殼變動以後發生了變形，改變了原有的形態，在不同的階段，造成不同形狀的構造，這就叫做地質構造，最常見的有節理、褶皺、斷層等。

層理和層態

沈積岩原來的層狀構造叫做層理。層態則是指岩層層理面和水平面相交的關係，包括層理的走向（指層理面和水平面相交所成直線的方向）及層理的傾斜（指層理面和水平面相交的銳角）。傾斜有「傾斜方向」和「傾斜角度」兩個元素，層理面的傾斜方向必定和它的走向成直角。沈積岩生成的時候，大多具有接近水平的層理。經過造山運動之後，岩層會發生傾斜、褶皺的現象。

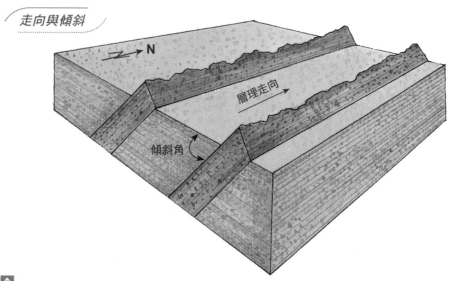

走向與傾斜

N

層理走向

傾斜角

傾斜的岩層出露在北海岸以及附近的丘陵地。地質學者測量記錄岩層的變化時，常以「走向」和「傾斜」為測量基準。如圖所示，岩層和水平面相交的線代表走向；岩層和水平面相交的銳角，就是傾斜了。

↑ 野柳海岸的豆腐岩。

節理

　　節理是岩石的天然破裂面。不同於斷層，它在破裂面兩側的岩層沒有沿著裂面發生相對的移動，最多只有與裂面近於垂直的分離運動。節理面大致呈一個平面，但是也有彎曲的，有各種不同的傾角或傾向。節理在岩層中，總是成群出現，彼此略相平行。每兩個相鄰節理的間距，有的只有幾公分，有的寬達數公尺。有的節理是在地殼變動中，受到擠壓或伸張的力量而生成；有的節理則是在岩石乾縮冷凝的過程中形成。

　　東北角海岸常見到許多崩裂、崩落的岩塊，有著整齊的破裂面，多半是受到節理控制。

火山集塊岩

白砂岩層

↑ 北投貴子坑的白砂岩層呈現了褶皺構造。
上覆的是火山噴發的堆積物。

← 「倒臥」著的岩石。

褶皺

　　岩石受壓力推擠以後，可能發生波浪狀的彎曲，這種現象就叫做褶皺或褶曲。褶皺的大小幅度不等，最小的可能得在顯微鏡下才能看到；最大的寬度可能達到幾公里以上。褶皺的形狀也變化多端，有的呈狹長形，有的呈短圓形，也有的呈各種不規則的形狀，甚至倒臥著（Recumbent fold）。

　　岩層經過褶皺後，可以向上拱起，也可以向下凹入。前者叫做背斜，構成背斜的岩層向上隆起，兩翼分別向相反的方向傾斜，較老的岩層則依序在褶皺的彎曲

頂端出露。

另一種叫做向斜，岩層向中間凹入，即褶皺的兩翼向中心傾斜，較新的地層因此逐次在褶皺的彎曲中心出露。

不整合

不整合是一個侵蝕面或一個沈積停止面。年代較新的地層都在不整合面以上，較老的地層在下。不整合面上缺失的地層時間可長可短，代表當時地面上升至海水面以上而無沈積物繼續堆積，或該時間內沈積的地層已經受到侵蝕而消失不見了。

斷層

斷層和節理一樣屬於破裂性的變形；不同的是，斷層裂面兩側的岩層會沿著裂面發生相對移動。斷層有時是一個清楚的斷裂破碎面，但是大多數的情況下都是一個「斷層帶」，具有相當的寬度。斷層面可以有各種傾向及傾角。在斷面上方的岩層稱為上盤，斷面下方的岩層稱為下盤。

斷層的種類

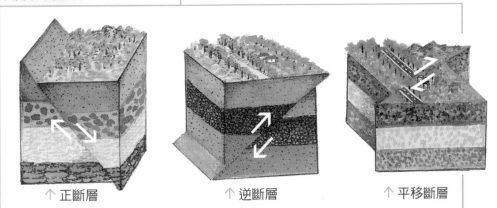

↑ 正斷層　　　　　↑ 逆斷層　　　　　↑ 平移斷層

常見的海岸地形

　　在海岸附近見到的各種地形，除了受波浪、海流和潮汐的影響外，明顯地也受到地殼運動、海水面變化及陸上的風化侵蝕作用所控制。海水面相對上升時，形成沈降海岸；海水面相對下降時，則形成離水（上升）海岸。沈降海岸多岬灣、海崖、海蝕台、顯礁（海蝕岩柱）等海蝕地形；離水海岸多海岸平原、沙洲、潟湖、海埔地等海積地形。

海蝕地形

　　海蝕作用造成的地形，稱為海蝕地形，常見的有：

海蝕崖

　　海岸受波浪侵蝕而成的陡崖，稱為海蝕崖。海蝕崖下方近海水的地方容易生成海蝕凹壁（如鼻頭角），凹壁繼續發展，上方的崖壁可能因失去支撐而崩落，於

海蝕崖及海蝕平台發育圖

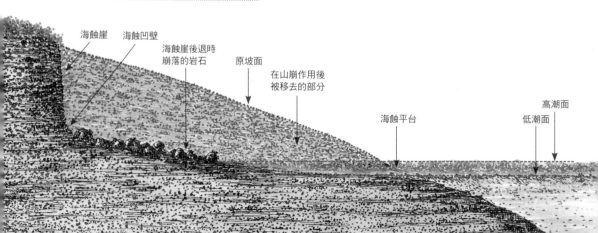

海蝕崖　海蝕凹壁　海蝕崖後退時崩落的岩石　原坡面　在山崩作用後被移去的部分　海蝕平台　高潮面　低潮面

是海崖後退，就形成了海蝕平台。海蝕崖大多出現在沈降海岸或岩石海岸，尤其是波蝕強烈的島嶼、半島或岬角等陸地凸出的部分。

決定海蝕崖形態的因素，則包括岩層構造、岩石性質、崖前海底地形、崖後地形、風向及海流等。

海蝕洞

波浪淘洗海岸岩石，常在海水面附近的高度，沿著脆弱地帶深入侵蝕，造成海蝕溝或是海蝕洞。海蝕洞證明陸地確實有相對的上升，如野柳、和平島、八斗子與鼻頭角等地，都可以看到上升的海蝕洞。

海蝕平台

海浪日夜不停地淘刷海蝕崖，久而久之，形成和海平面近乎同高度的平坦岩台，這種地形就稱為海蝕平台。它的寬狹會受到海浪作用力的強度、原地形、岩性和地層構造的影響。一般而言，岩層不太堅硬而且近岸海底地形淺緩者，容易發育寬廣的海蝕平台。

海蝕平台上常散布著一些由海蝕崖上崩落下來的岩塊，成了海浪用來侵蝕海岸的工具。

海蝕平台一般以略向海的方

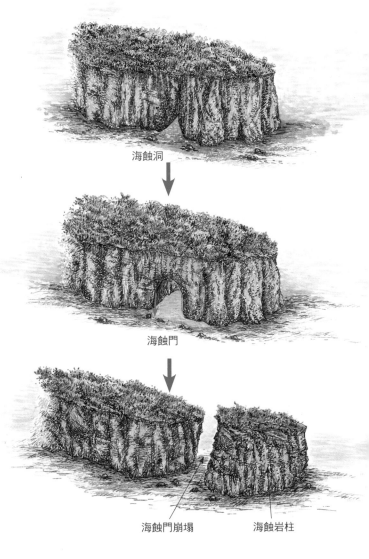

海蝕作用造成的海蝕地形

海蝕洞

海蝕門

海蝕門崩塌　　　海蝕岩柱

向傾斜，這種地形在東北角海岸以及花蓮、台東海岸都屬常見，如三貂角、和美村、鼻頭角及八斗子附近都很發達，也證明了陸地近期的上升運動。海蝕平台若因為地盤上升的影響而露出水面，平時已不再受海浪侵蝕，只在高潮大浪之下才會受到海水侵蝕。

海階

　　海蝕平台因陸地上升或海水面下降而露出海水面，成為一平緩而略向海洋傾斜的階地，即為海階，在北海岸常可見到。有些海階的表面會被薄層礫層覆蓋。根據徐鐵良教授的研究，北海岸的上升運動是發生在火山活動之後不久，因此我們在石門及鼻頭角地區，都可以看到高出目前海水面110到150公尺不等的海階。在貢寮雙溪口及澳底村附近，也可以發現海拔40到100公尺不等的海階。

海蝕岩柱或顯礁

　　海岬通常是波浪攻擊的焦點。因經常受到激烈的侵蝕作用，外側的一部分岩體有可能被切斷，而脫離陸地成為海中的石柱，稱之為海蝕岩柱或顯礁。如金山外海的燭台嶼就是外形像燭台的顯礁。

海階示意圖

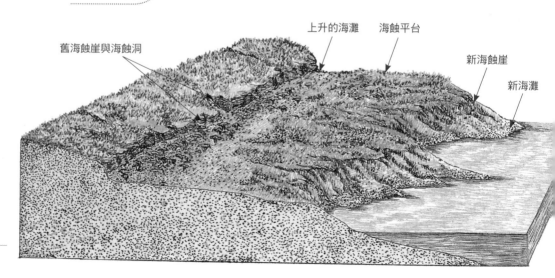

舊海蝕崖與海蝕洞
上升的海灘
海蝕平台
新海蝕崖
新海灘

↑ 金山燭台嶼是海蝕作用後殘留的顯礁（海蝕岩柱）。

海積地形

　　海水除了對海岸進行侵蝕之外，也同時把侵蝕下來的岩屑運走，到適當的地方再堆積下來，而形成沙嘴、海灘、沙洲等海積地形。

珊瑚礁

　　珊瑚大多生長在海水清潔、溫度適宜的淺海環境下。由眾多珊瑚骨骼及貝殼等堆砌而成的礁體，則稱為珊瑚礁。在淺水灣、白沙灣、富貴角、野柳及深澳附近，都可以看到珊瑚礁。這些因陸地上升而露出海面的珊瑚礁，目前高出海水面約有0.5到3公尺不等。

↑ 石門海岸礫灘旁的珊瑚礁。

海灘

　　海灘如果是由疏鬆的沙粒組成，就稱為沙灘；如果組成的物質都是直徑大於2公釐的礫石，則稱為礫灘。海灘顏色與灘面物質有關，如果以石英沙或珊瑚沙為主時，灘面呈白黃色。如果以磁鐵沙為主，就會呈灰黑色。

雙溪河口

福隆沙灘
（沙嘴地形）

上升灘地

　　三貂角岬角附近的上升灘地，是陸地上升的很好證據。此一海灘長約200至500公尺，高出海水面2至8公尺，由於海灘還保持完整，因此可推知此一灘地上升運動發生的年代不會太久。

沙洲

　　沙洲是一種因為波浪和海流的作用，在外海地區堆積而成的堤狀沙礫沈積。沙洲在水面下的時候，稱為潛沙洲；升出水面後，稱為沙洲島。有時在島嶼靠大陸的內側，也會形成沙洲，因此，島嶼可藉沙洲彼此相連，或與陸地相連（如蘇澳鎮的南方澳），這種沙洲稱為連島沙洲。完全不與海岸相連的沙洲，則稱為濱外沙洲（或稱離岸沙洲、堤洲），例如嘉義縣的外傘頂洲。

沙嘴

沙洲若是由海灣口的一端向海洋延伸，即稱為沙嘴。而如果沙嘴繼續伸長，即成為沙堤。當乾季河水流量少的時候，沙堤可以封閉整個河口或灣口；被封閉的河川成為「沒口溪」，河水則從沙堤的下方以滲流的方式匯入海中，隔年雨季來臨時才又被沖開。北海岸的金山及福隆，沙嘴地形都很發達。

沙丘帶

海灘的沙因為風力的搬運及堆積作用，常在濱線後方形成與海濱平行、呈帶狀分布的橫沙丘，稱為沙丘帶。

風成地形

由富貴角向西到麟山鼻之間的海灣，是風蝕岩塊「風稜石」的產地，位置緊鄰著白沙灣海水浴場。其海岸線附近有沙丘，沙丘頂部或海岸線旁有安山岩塊堆置。

此地風稜石大致有三類，有些是巨大的安山岩塊被埋在沙丘中，頂部露出的部分被風蝕磨成平滑的表面；此外，比較容易看到的是一些散布在沙丘上的巨大安山岩塊，由於體積大，長久以來都不曾移動，因此盛行風（一年中主要的風向）不斷地將它磨蝕成風稜石；第三種風稜石體積最小，如人頭大或更小，已被磨出平滑面。

→ 富貴角海岸的安山岩巨礫。
表面常被風沙打磨光亮。

最具特色的海岸

富貴角

　　富貴角附近最具特色的海岸地形，當屬由風蝕作用所形成的風稜石；這些躺在富貴角南側沙灘上的巨大礫石，大多是大屯山的火成安山岩。冬季時，東北季風常帶來持續數日的強風，一旦挾帶附近海灘上的石英細沙，就是風蝕的最佳工具。

　　海灘上巨大的安山岩塊，長久受到風蝕作用，逐漸被磨蝕出平坦的風蝕面，如果風向發生改變，則可生成數個風蝕面，面與面之間會有尖銳的稜線。觀察富貴角的風稜石，可以看到石頭上有數個面，但有的面卻不很平坦光滑，不像是由風蝕作用形成，推斷可能是岩石的節理面。

石門

　　到過北海岸的人，對於石門鄉的石門，想必都留有深刻的印象。此一地形在地形學上稱為「海拱」，它起初是由海浪侵蝕而成的海蝕洞，經過海浪長期的流入和流出，終於將岩壁貫穿，而形成石門。

　　由於是由海蝕作用形成，故石門最初應是發育在海平面附近。但目前北海岸受到近期隆起運動的影響，石門的基部已高出海平面約2公尺，頂部高達十餘公尺，為陸地上升的有力證據。此外，組成石門的岩石為岩塊及火山凝灰岩的互層，其層理明顯，則是在水中沈積的明確證明。

　　石門至金山的海岸，有許多大小角礫及崩山所堆積的石塊，廣布於海灘上。從前在濱海公路未開通時，旅客路經此地，皆須跳石而過，行走十分困難，乃戲稱之為「跳石海岸」。

金山

　　此地有金山半島及金山海灘，半島是由厚層砂岩所組成，最高點海拔67公尺。在半島之外，有一形如堡壘的岩礁聳立海上，稱為燭台嶼。此一岩礁本是金山半島的末端，凸出海岸。

　　當波浪向陸地推進遇到凸出的海岬時，會發生折射作用而將能量集中於侵蝕此凸出的半島末端。由於經常受到強烈的侵蝕作用，半島末端某些地方因此被侵蝕成海蝕洞，海蝕洞再逐漸擴大而貫穿海岬，形成類似石門的海拱，後來洞頂塌陷，半島末端遂與陸地分開，成為海蝕岩柱（顯礁），即目前在金山外海所見的燭台嶼。金山附近有金山磺溪、月眉溪及加里加投川三條規模較大的河川匯流入海。河川攜帶大量的泥沙，在金山一帶堆積成金山海灘及

↑　位於金山巨礫遍布的跳石海岸。

↓　金山岬。

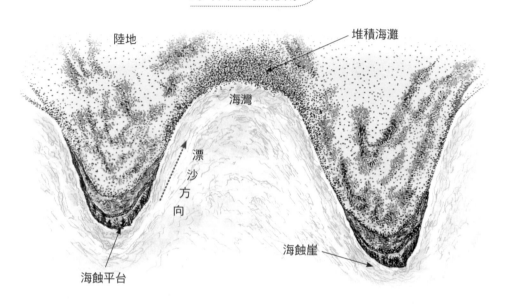

海岬與海灣的形成

陸地

堆積海灘

海灣

漂沙方向

海蝕平台

海蝕崖

國聖海灘。金山附近的地形是河流造成的沖積平原，約略成一等邊三角形，底邊長約5.5公里，兩邊各長約4公里，沖積平原上大多開闢成農田種植水稻。

野柳

　　北海岸富於奇岩怪石，而野柳則集各種奇岩怪石的精華於一處，因此最能吸引遊客，且名氣也最盛。野柳位於基隆市西北約15公里處，有一海岬伸出海岸，長約有3公里，寬約200公尺，最狹處在中段，寬不及50公尺。

　　構成野柳岬的岩石是大寮層中部的厚層砂岩，厚度約38公尺。岩層走向與區域海岸線垂直，地層向東傾斜約20度，形成一個標準的單面山。野柳岬的岩層中，有富含石灰質的砂岩層，內夾圓形及不規則形的石灰質結核。這些岩石抗蝕力較強，經差異侵蝕的結果，遂形成各種奇形岩體。

　　野柳岬上的各種奇岩怪石，可區分為蕈狀岩、燭台石及拱狀石三大類。

蕈狀岩形狀分類圖

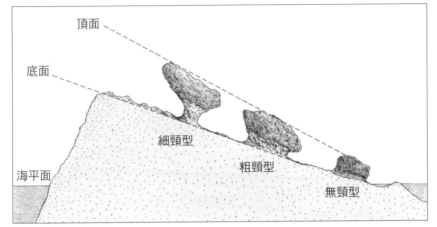

頂面

底面

細頸型

粗頸型

無頸型

海平面

蕈狀岩的形狀變化和上升出露接受風化作用、侵蝕作用的時間長短有關。愈高的蕈狀岩受風化侵蝕的程度愈深。

↓ 拱狀石。

↑ 燭台石。

↑ 蕈狀岩。

野柳地形示意圖

砂岩

頁岩質砂岩

鈣質砂岩
（薑岩層）

砂岩
（薑石層）

砂岩（燭台石層）

蕈狀岩

外觀狀似蘑菇，有一較細的石柱，上面托著一個粗大的球狀岩石，著名的女王頭即為蕈狀岩。野柳的蕈狀岩屹立成群，排列有序，且集中於一處，為數近百，十分壯觀，形成奇特的景觀。

燭台石

燭台石的外形也十分奇特，上細下粗呈半圓錐狀，高約2公尺，柱頂中央常有一石灰質結核，結核邊並繞以環狀溝槽，使整個岩體形同蠟炬燭台。

拱狀石

巨大岩塊下段若有海蝕洞貫穿，即成拱門似的拱狀石。

奇形石

這些是質地較堅硬，而形狀不規則的石灰質結核或砂岩，在差異侵蝕作用下，形成各種奇形岩石，如野柳岬上的海狗石、海龜

↑ 仙女鞋奇形石。

石、象石及龍頭石等。這些岩層內所含的石灰質塊石，據推測是古代海崖崩落的巨石，堆積於海底，被海底沈積物掩埋，經過成岩作用後被夾於岩層內，直到岩層受到海蝕作用而剝離，這些石塊復又出露，故岩性與周圍的岩石有相當的差異。

和平島與八斗子

　　和平島與八斗子兩地，都有發育良好的海蝕崖及各種海蝕地形。構成這兩處的地層，都是大寮層的厚層砂岩，因抵抗海蝕能力較強，故凸出成為海岬。目前和平島與陸地相連之處，已被侵蝕成一海溝，因此和平島已真正成為一島嶼。

　　和平島海岸由於受到強烈的海蝕作用，海蝕地形異常發達，發育有蕈狀岩、豆腐岩、海蝕平台與海蝕崖等，其中以千疊敷及萬人堆最為聞名。

　　千疊敷指的是海蝕平台上的豆腐岩，由於此地的海蝕平台面積相當遼闊，豆腐岩分布遍地，因此稱為千疊敷，意謂此地有千張榻榻米之多。至於萬人堆，是指

↓　成群的蕈狀岩，正是「萬人堆」名稱的由來。

海蝕平台上一些較硬的石灰質塊石，因差異侵蝕的結果，一顆顆凸出於平台上，遠看像是許多的人頭，因此稱為萬人堆。

這些大大小小的石灰質塊石，根據梁繼文教授的研究，是所謂的重出土地形。原來這些石灰質塊石在古代是類似蕈狀岩的頂部岩石，後來這些岩石滾落海底，再經海底沈積物掩埋而被夾於岩層內（在和平島的海崖上，還可以看到這些順著岩層層理排列的岩石），北海岸再度隆起後，岩層受到侵蝕而剝離，這些夾在岩層裡的石塊便在海蝕平台上露出，由於它的岩性與周圍的岩石不同，乃形成目前所見萬人堆的景觀。

和平島的豆腐岩發育十分良好。顧名思義，豆腐岩必然是外觀十分像豆腐的岩石。其發育的條件十分嚴格，首先，地層要有兩組相互垂直的節理，把砂岩切割

↓ 和平島的海蝕崖與海蝕平台。

成大小差不多的方塊，是形成豆腐岩的最基本條件；其次，地層要有低角度傾斜，以便海水能順著節理流動侵蝕；此外，地層須為砂頁岩互層，且砂岩的厚度在半公尺以上（因為砂岩層太薄者容易崩落成為碎礫塊）；最後，高潮時海水激起的浪花，要能越過海蝕平台的高度，這樣落下來的碎浪才能沖刷岩層的斜面。地層如太高或是在海水面以下，都無法達到侵蝕的效果。

↑ 基隆八斗子也是海蝕崖和海蝕平台的標準出露地區，圖為海蝕平台。

八斗子海岸最具特色的地形則是隆起海蝕平台，這片面積廣大的平台，原先是海蝕平台，但由於陸地上升的影響，目前已脫離海水的侵蝕。這片隆起海蝕平台是由砂頁岩的薄互層所組成，由於砂岩抗侵蝕力較頁岩為強，因此砂岩處凸起，頁岩處凹入，遠望好像一個大型的洗衣板，十分有趣。

鼻頭角

鼻頭角出露的岩石都是沈積岩，它們是由顆粒粗細不同的泥沙堆積在海底，經過深埋、固結及膠結作用後形成的。顆粒最細的沈積岩是頁岩，它的顏色深，但卻十分鬆散，在風化和侵蝕作用下特別容易流失，因而形成不穩定的邊坡或是深凹的海蝕凹壁。顆粒最粗的是含有石礫的白色粗砂岩。有些顆粒太粗，稱為礫岩。在鼻頭角的白色含礫粗砂岩層中，常見堆積過程中形成的交錯層（又稱偽層），它們隱含著古時水流方向的證據。另外一種常見的岩石是泥質砂岩，是一種含泥量頗高的砂岩，由於含泥量多，因此岩體中常出現多邊形的龜裂，這種現象則導致成群的蕈狀石。

↑ 鼻頭角的海蝕洞。

↑ 生痕化石。

　　鼻頭角的岩層中也常見貝類化石和生物痕跡化石，它們是古代生物的遺體或遺跡。由於埋藏在沈積物中，且經過一段很長的時間以及岩化的作用，於是形成了化石。這些化石提供了古代生物演進過程的說明。

　　除了岩石性質不同而造成的差異侵蝕地貌之外，地質構造也在此展現了它們的影響力。傾斜的岩層在海蝕平台上形成了平行線狀排列的圖形；相互垂直的節理造成了豆腐塊般的幾何圖形；褶皺作用則使岩層的傾斜出現區域性的差異，如在鼻頭角南、北側的海岸，就可發現岩層傾斜方向相反的情形，這一項證據告訴我們，鼻頭角是一個向斜構造。

　　斷層是大地斷裂的痕跡，也出現在鼻頭角。龍洞灣就是一個大斷層通過的地方，這個海灣就是沿著斷層帶發育出來的。因此，鼻頭角的岩石和南側龍洞岬的岩石完全不同，地質年代相差亦遠（前者約700萬年，後者約3,000萬年）。

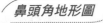
鼻頭角地形圖

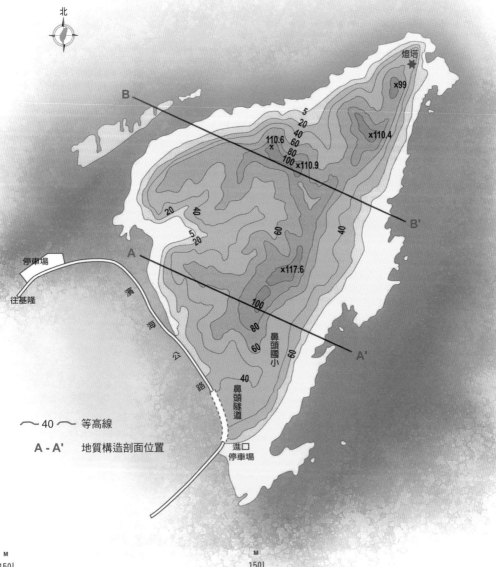

北

B ——— B'

A ——— A'

停車場

往基隆

濱海公路

燈塔
★

x99

x110.4

110.6
x

x110.9

5
20
40
60
80
100

20
40
5 20

60

40

x117.6

100
80
60

鼻頭國小

40

鼻頭隧道

進口
停車場

～40～ 等高線

A - A' 地質構造剖面位置

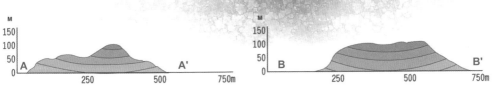

鼻頭角向斜地質構造剖面圖

03

台北盆地與
鄰近山水

台北盆地的地質史

　　根據王執明教授的研究（2000），台北盆地的地質史約可劃分為八個階段：

⋮⋮⋮ 第一階段（約250萬年前）

　　距今約250萬年前，台灣北部進入造山運動的高峰期，當時的台北盆地應是高聳的山脈，新莊斷層也正處活動最頻繁的時期。據推斷，新莊斷層的斷層崖可能面臨台灣海峽，形成一個高聳的海蝕崖，古新店溪由當時的山區穿過斷層崖直奔大海，將所攜帶的礫石拋入泰山外海，林口扇洲因而生成。

⋮⋮⋮ 第二階段（約200萬年前）

　　大屯火山群可能在距今200萬年前已有岩漿活動，不過火山活動還不算非常劇烈。

⋮⋮⋮ 第三階段（約80萬年前）

　　約在距今80萬年前，台灣北部的地殼活動由擠壓作用變為張裂作用，於是，新莊斷層近乎停止活動，取而代之的是因張裂作用而發生的山腳斷層。沿山腳斷層張裂帶，古新店溪無法向西入海，轉而向北方由淡水入海，也就是今日淡水河的約略位置。

⋮⋮⋮ 第四階段（約80萬至20萬年前）

　　約在距今80至20萬年之間，山腳斷層持續活動，造成林口扇洲相對抬升、台北盆地逐漸下沈，盆地底部由河流沈積物所覆蓋，盆地的雛形業已形成。在距今80至40萬年之間是大屯火山群最活躍的時期，包括觀音山都有多次的噴發。

第五階段（約20萬年前）

根據現有的定年資料，約在距今20萬年前的一次火山噴發中，火山碎屑岩阻塞了關渡附近的淡水河道，盆地內的水無法入海，於是形成堰塞湖。不過，當時台北盆地的範圍應較今日為小。

第六階段（約3萬年前）

約在距今3萬年前，大漢溪被襲奪流入台北盆地，使台北盆地完全被河川沈積物覆蓋。

第七階段（約9,000至6,000年前）

約在距今9,000年前，全球性的暖濕性氣候開始，海水再度入侵盆地，台北盆地變成一潟湖。這次全新世的海水入侵，尤其以距今6,000年前左右規模最大，湖水面應較前期堰塞湖範圍更大。後來海水逐漸退去，河流沈積物又將盆地填滿。

第八階段（現在）

從歷史記錄觀之，台北盆地在距今300多年前曾有短暫的「康熙台北湖」時期，後來又逐漸乾涸。現在，這個由河流沈積物填滿的台北盆地，不斷開發後，已經成為台灣最大的都會區。

地塹與地壘

地塹

兩側是正斷層，中間地塊掉落。

地壘

兩側是正斷層，中間地塊抬升。

↑ 由仙跡岩望去，前方是台北盆地，遠處是新店方向的山坡地。

台北盆地的地形

　　漢人自淡水、關渡進入台北盆地，然後沿著淡水河及其支流基隆河、大漢溪、新店溪等上溯，逐步開拓了台北盆地與周圍的丘陵、山地。

　　從海上向台灣北部的淡水一帶接近時，最明顯的地標當然是觀音山和大屯火山群。大屯火山群和觀音山之間，正好就是通達台北盆地的淡水河河谷，在兩山挾持之下，隨著漲潮，可以溯流而入，穿越關渡（干豆門）進入台北盆地。

　　台北盆地裡，淡水河流經盆底平原的中部，近處無山，遠望則可見北方山峰高聳，正是大屯群峰、七星山、紗帽山等。最逼近河道的丘陵山地是今日士林、圓山一帶，它卻是遠自基隆海岸的五指山脈的餘脈，也是台北盆地東北邊緣凸入盆地中的沈積岩山脈。內湖、大直一帶的山地都屬於五指山脈。

　　關渡是基隆河匯入淡水河的地方。基隆河上溯至士林以後，轉向東走，接著幾個大轉彎，再經松山、南港至汐止。這兒是台灣海峽潮汐進退的終點，故古名為「水返腳」。

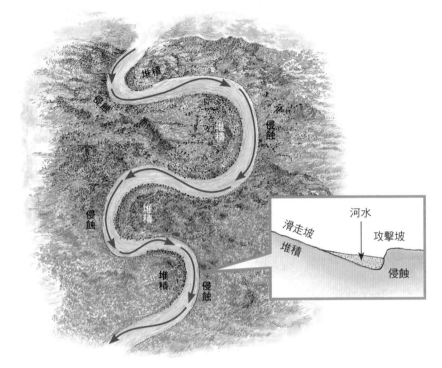

河流的側切作用——曲流的發育 (*Webber and Punnett, 1982*)

　　基隆河分隔了河道以北的五指山脈和以南的南港山區。南港山區向西延伸，連結了松山附近的南港山、拇指山、四獸山，再到公館的蟾蜍山。南港山和中和、永和的山地，實際上同屬一脈，只是被新店溪切穿而已。

　　新店溪在公館以南，進入丘陵地區，在景美分出支流景美溪，當地有海拔144公尺高的溪仔口山（仙跡岩）緊逼溪床。新店溪繼續上溯到新店附近，即進入山區，溪床切割西側山地，形成碧潭吊橋旁的岩壁。過碧潭後，更出現了幾個大轉彎，這一帶的山地屬於雪山山脈外緣的西部覆瓦狀斷層山塊。

　　新店溪和大漢溪之間夾著中和、永和一帶的丘陵山地。它們和松山、南港一帶的山地同屬一脈。整體上，共同構成台北盆地的東南邊界。

　　至於大漢溪北側，樹林、山佳、鶯歌一帶出露的山地則稱作山子腳山地。這塊山地和林口台地之間有明顯的界線，大致上介於迴龍至龜山之間。而迴龍以北至關渡一帶的山地，則屬於林口台地的台地崖和觀音山的山腳，它們是台北盆地的西北側邊界。

台北盆地地形圖

翡翠水庫

南港山

基隆河

雙溪

瑪鍊溪

大屯火山群

三峽

山子腳山塊

大漢溪

林口台地

觀音山

淡水河

北

盆地地形區

　　盆地是指周圍地勢高，而中央低下的地區。這種內低周圍高的地形常和地質構造運動有關。台北盆地面積約243平方公里，北方是大屯火山群，西北側是觀音火山和林口台地，東南側是沈積岩構成的丘陵和山地。在整體的外形上，台北盆地近似一個三角形，三角形的頂點是關渡、北投一帶，底邊從南港經公館延伸到樹林以南附近。三個頂點都正好是河溪流入或流出盆地的地方。

　　大漢溪從樹林附近、基隆河從南港一帶進入台北盆地，而淡水河則在關渡流出盆地。另有新店溪貫穿三角形的東南底邊，而且在底邊之外形成了近長方形的景美小盆地。三角形的底邊，也就是南港—松山—公館—中和的連線，走向呈東北東。這個方向在台灣本島的北部，正是區域性地層及構造線延伸的方向，因此富於地質構造的意義。

↓ 淡水河與關渡平原鳥瞰圖。

　　盆地的東北邊緣，走向呈西北西，正好和三角形盆地的底邊垂直，也就是與區域性構造線垂直。在這種情況下，較硬的岩層凸入盆地，較軟的岩層則凹入成谷，造成了山脊凸入盆地的景觀。最明顯的凸出地形，有北投的奇岩山、士林的芝山岩、圓山、劍潭山及內湖公館山一帶。座落在這些凸入盆地的山上的著名建築及風景，有北投的軍艦岩、陽明大學、圓山大飯店及銘傳大學等。如果從這些山的北方回望，可以看出它們都是一側陡峻、一側平緩的單面山，而山脈的走向都伸入盆地中。例如從陽明山華岡下望北投、天母一帶，即可以見到兩座這樣的山脈，陡的一側都朝向西北方。這種單面山的景觀在汐止、南港、松山、公館、北投一帶也到處可見，如南港山就是一個單面山，陡坡朝向台北盆地。

由砂岩與頁岩互層組成的單面山地形

砂岩

頁岩

↑ 松山四獸山的傾斜沈積岩單面山，是台灣丘陵地常見的現象。

↑ 從象山看鄰近山間谷地。

　　三角形的東南底邊因為與地層走向及構造線平行，因此大體上盆地與山地的交界線十分平直，只有細部的小凹凸，這是流下山坡的小溪谷沖蝕出來的。景美盆地的景美溪與安坑溪對向而流，都匯入新店溪，流路呈東北東，也和三角形的底邊平行，可見其受到同樣的地質控制。

　　台北盆地的西北與林口台地相交的界面地形為台地崖，相對高度差最大可達240公尺。台地崖下的聚落有成子寮、五股、泰山等。由於台地邊緣已經受到河流的切割，因此山麓線上常可見到三角切面。這個台地崖是沿著斷層發育的，向東北方延伸是金山斷層，向南方延伸是新莊斷層。從遠處（例如象山一帶）瞭望林口台地，見到的是一片廣闊的平頂山地。

　　林口台地與台北盆地交界緊鄰的東側則是一片低窪地，尤其偏北的成子寮、五股一帶，地勢甚至低於海平面，因此本區在填土之前常被水淹沒，部分地區並曾經是生態豐富的濕地。

　　盆地的西南出口處為山子腳山塊，隔新莊斷層與林口台地相接。林口台地是

一個紅土礫石為主的丘陵地，樹木生長不盛，相反的，在山子腳山塊裡，樹林茂密，地質則以砂岩、頁岩為主。山子腳山塊是一個沈積岩層構成的背斜山脈，以前曾經鑽井探油，後來還曾有煤礦的開採。

台北盆地內的主要溪河為淡水河的三大支流，分別是大漢溪、新店溪與基隆河。各支流的曲流發達，尤其以基隆河的流路彎曲最烈（截彎取直工程之前）。大漢溪在板橋、新莊以南流路分歧，直到板橋、新莊之間才合成一條大河。新店溪在華江橋附近注入淡水河，然後河道沿著台北市西緣北流，穿過台北橋後，折向西北，到了關渡又納入東來的基隆河，同時塭子川以及二重疏洪道也從左岸流入，最後在關渡向北流出台北盆地。

基隆河在盆地中，原本自由曲流發達，後因截彎取直工程而拉直。穿過圓山下的中山橋後，分成南北兩股，分別在葫蘆堵以及關渡匯入淡水河。

新店溪流經台北盆地的南半部，它的上游在景美小盆地內分成東北側的景美溪和西南側的安坑溪，以及南側的新店溪主流；主流向上源又再分為北勢溪與南勢溪。

↓ 盆地底部的龍山寺。

大屯火山區與沈積岩山地

大屯火山區

　　台北盆地的北方圍繞著大屯火山區。一般熟知，也是從台北市區可見的山峰，包括七星山、小觀音山、大屯山、大屯山西峰、面天山、向天山、紗帽山，以及淡水河南岸的觀音山。這一排山峰的西側是頂部平坦的林口台地，東側則是延伸至基隆市區的五指山脈。

　　台北市松山區的象山自然步道是一條熱門的健行路線。站在山頂可以一眼望見台北盆地北側及西側的高山台地，民眾不妨一試。

　　七星山、大屯山、紗帽山、面天山、觀音山等都是火山噴發作用造成的山峰。有的呈錐狀，例如七星山、大屯山、觀音山等，是火山熔岩流和火山碎屑岩交互成層形成的。面天山和紗帽山呈鐘狀，山頂近圓弧狀，乃是由熔岩流形成的。它們生成的年代都在百萬年到數十萬年前！它們噴發出來後，掩蓋了當地原本存在的丘陵地。沒有被掩埋的地方，例如金山附近、北投附近、軍艦岩、芝山岩等，這些邊緣地區仍舊出露沈積岩層。

　　火山岩體形成後，歷經風吹、雨打，以

及水流的侵蝕等，終於塑造成今天的地貌。火山作用停止後，剩下的喘息依舊表現在大油坑、小油坑、馬槽、硫磺谷、地熱谷等噴氣孔、硫氣孔、溫泉等富集的地方。

大屯火山區不只在地形上屏障了台北盆地的北方，也擋住了冬天強烈的東北季風，使台北盆地免於直接的威脅。對登山郊遊、來往金山和台北之間的人來說，最常見的現象就是一翻過七星山鞍部，天氣狀況就全變了！真是東山飄雨西山晴！尤其是冬天東北季風盛行期間，鞍部以南天氣晴朗，山青水秀，但是一翻過鞍部，金山方向卻經常是濃霧蔽天，什麼也看不見的。

大屯火山群峰中，最高的一座是七星山，海拔1,120公尺，是台北盆地北方的最高峰，也是遠眺台北盆地的最佳地點。從台北市遠眺七星山，三角錐的外形加上兩翼長長的斜線，給人四平八穩的感覺。因此美感自在。

菜公坑山　麟山鼻　富貴角

↑ 小觀音山眺望北海岸。

經過東門的中山南路，似乎就是正對著七星山開鑿的。這一段古台北城牆，無疑也是如此定位的。七星山，肯定是台北盆地周圍的地標之一。

大屯火山群的溫泉，自日治時期就已經是休閒度假的勝地。當時即有劃設國立公園的計畫，後來因為二次世界大戰而未能實現。台灣光復後，前省政府住宅及都市發展局曾研擬大屯山國家公園計畫，可惜因缺乏法源，又告延宕。直到內政部營建署成立後，才劃設為陽明山國家公園。如今的陽明山地區已經遍布登山步道，可以讓人漫遊山間，踏青訪勝，看盡一座座火山。

陽明山國家公園保存了台北盆地北側火山地景的精華，為子孫留下了一片樂土，也為體驗火山活動、學習火山地質，保存了一個理想的戶外教室。

大屯火山群是我國少數的火山地形之一，區內的沈積岩及火山岩都是二千萬年（新生代）以來的較新岩石。在北投區貴子坑水土保持教學園區的岩壁上，即可見到台北地區最古老的地層—五指山層。它是由厚層的粗粒砂岩構成，內含高純度的高嶺土和石英砂。五指山層已經受到褶曲作用而形成彎曲的線形構造。掩覆在五指山層上的就是火山岩了。火山碎屑岩出露在貴子坑到關渡一帶。

⬇ 由小觀音山看七星山系及磺嘴山。

金山海岸

磺嘴山

福爾摩沙的故事 獨特的容顏—北台灣

沈積岩山地

大屯火山群的邊緣則為沈積岩山地。

基隆河以北的大屯火山群地區主要出露火山岩。沈積岩僅分布於本區的邊緣地帶，如五指山脈、萬里、野柳、金山、石門、北投附近。

沈積岩具有明顯的層狀構造，由於各層岩質的軟硬不同，在經過褶曲運動後，容易因受到侵蝕，而造成單面山（一翼陡峻，一翼平緩的地形）。

五指山脈從萬里延伸到士林一帶，是一個單純的狹長山脈，岩層普遍向東南傾斜。它的東南側是基隆河谷，西北側則是瑪鋉溪與雙溪的河谷。這兩條溪的流路近乎一直線，形成谷中分水的反流河關係。這一個狹長的河谷大致上沿著火山岩與沈積岩的交界發展，也與崁腳斷層的方向近乎平行。內湖、大直、圓山、劍潭都是山腳下的重要聚落。

北投、天母、芝山岩附近，也出露沈積岩，由於褶曲作用，經侵蝕後，都形成單面山的地形。

↑ 大屯山。

七星山

紗帽山

↑ 台北盆地鳥瞰圖。

Chapter 3-⑤

東南山地與山子腳山塊

東南山地

　　台北盆地東南方的山地，包括基隆河谷以南的南港山（含四獸山等），以及中和至三峽間的清水山塊（區內有圓通寺風景區）。面臨台北盆地的南港山塊，最高峰約373公尺，旁有著名的台北市地標之一的拇指山。南港山走向約呈東北—西南方向，從南港延伸至公館附近；它向台北盆地伸出的支稜分別構成了虎、豹、獅、象等四獸山。南港山的東南側，隔著山谷則與山豬窟山（324公尺）、大坪山（389公尺）等相對峙。山勢再向南，即下降為景美溪河谷；河谷以南的山脈高度又明顯增加，至此已經屬於景美溪和北勢溪之間的石碇鄉山地。其間的高峰是台

北市、新北市交界上高達678公尺的二格山（次格山）。二格山向台北市方向的山谷，即是著名的貓空茶區以及木柵指南宮、政治大學等地。

木柵至新店間的山地，整體走向和南港山平行，呈東北—西南走向。從新店至青潭、小格頭的北宜公路，已經是這一排山脈背後的道路了。木柵至新店間的山地與南港山（延伸至公館）之間，還有一塊凸出的山地，即是景美的溪仔口山（仙跡岩一帶），景美溪的河道就從山嘴前流過。

新店市西方的山地延續著南港山和二格山的山脈走向，而且也被一條溪分隔開來。其中，中、永和一帶的屬於清水山塊，分布至安坑溪。由安坑溪溯溪而上，翻越分水嶺後，接連流向三峽的小支流——橫溪。因此，它們清楚地把清水山塊切分獨立出來。安坑溪以南的山地有熊空山（971公尺）以及獅頭山（741公尺）。

三峽西方的鳶山是大漢溪畔的山地，也是台北盆地外緣西南角的名山之一。

山子腳山塊

所謂山子腳山塊，即是樹林、山佳、鶯歌連線的西北方山地。本山塊在大漢溪西北，寬約4公里，長約8公里，緊靠著林口台地，但有山谷明顯區隔。從台北市西望，觀音山以南的林口台地平頂山一直向南，有山地略高，凸出於台地邊緣的，即是山子腳山塊。

這個山塊在地形上十分獨立，地質構造和岩性上也與四周明顯分隔。本山塊由層狀的沈積岩構成。岩層受到造山運動的影響，形成向上拱起的背斜構造。

本山區曾進行油氣探勘，也曾產煤，因數量有限，已無生產活動。

↑ 「台地」的頂面平緩，周圍較陡。圖為南投名間鄉八卦山台地。

Chapter 3- ⑥

林口台地

　　「台地」是指頂面平緩而周圍較陡的凸起地形。一般而言，低海拔的廣大平面叫做平原，海拔高的稱為高原；大致上，台地包括海拔1,000公尺以下、100公尺以上的廣大平面地形。

　　林口台地大多被紅土礫層所覆蓋，標準的剖面在中山高速公路兩側的邊坡上清楚可見。在礫層的表面，通常有數公尺厚的紅土層覆蓋。

　　林口台地原本是山麓地區形成的古沖積扇（台北盆地形成之前，古新店溪在泰山附近出海）。後來因為陸地上升，河流侵蝕力加強而被切割成一塊一塊的台地

形狀；如果遭受劇烈切割，那麼剩下的就是零亂的台地地塊或是丘陵地形。而林口台地的周邊雖然被切割得十分破碎，但它的中心部分卻依舊十分平坦，且面積廣達167.5平方公里。

從台北盆地中心向西望，觀音山的南方是一個平頂的台地，即舊名「平頂台地」的林口台地。它是台灣本島最偏北的一個台地，四周的界限如下：東北方與觀音山地以紅水仙溪及冷水溪為界；東南與一個斷層崖相接，崖高200公尺左右；南方的界線是新朝溪與兔子坑溪，兩溪背向而流，成通谷的地形，谷的另一側是山子腳褶曲山塊；西南方與桃園台地接鄰，交界是近百公尺的階崖；西北側接海，成為高約100公尺的海蝕崖。整體來看，林口台地是一個高度近200公尺的平坦高起地塊。

林口台地四周水系呈放射狀，由中央流向四方，分別流入台灣海峽、淡水河以及南崁溪。

林口台地上有明顯的谷中谷地形，溪谷的河床十分寬淺，但是在河床中又有深而且狹小的小谷。這種地形在林口台地西坡尤其發達。谷中谷的地形顯示河川侵蝕的「回春作用」，使谷的縱剖面上，坡度有向下游突然變陡的現象，可能是回春作用造成的，也可能是因為河床出露軟硬不同岩層而造成的。

↑ 林口台地的紅土礫層。

大漢溪與基隆河

大漢溪

　　大漢溪舊名大嵙崁溪，是指淡水河在與新店溪匯流以前的中、上游河道；它在台北盆地以南的河道，流路呈東北東方向。

　　大漢溪在台北盆地的範圍裡，流路呈網狀（髮辮狀）發展。流路經新莊與板橋之間，然後進入樹林，再繼續向西南西上溯，至山佳附近有三峽溪分支而出，上溯至三峽。主流則上溯至鶯歌附近。

基隆河

　　基隆河在南港附近進入台北盆地，並在關渡匯入淡水河；這段河流是基隆河的下游。台北盆地曾經是個湖泊，如今盆地內還殘存著數個小湖；這在基隆河下游

↓ 觀音山腳下的淡水河。

基隆河截彎取直遠景
由於基隆河的河道曲折，且上游的平溪山區為臺灣雨量最多的地區，因此每當颱風或豪雨來襲時，易造成下游地區的水患，所以進行了兩次基隆河截彎取直工程。。

兩岸分布較多，北岸的「內湖」即屬其中之一。

進入台北盆地後，基隆河河道原本在洪水平原上自由擺動，擺動的幅度很大，因此曲流地形十分發達。

就因為曲流擺盪幅度很大，使得主河道數度逼近北邊的丘陵；例如圓山附近，就是基隆河切斷丘陵尾端，創造出的一個臨河眺望點。也因為曲流擺盪幅度很大，使得主河道排洪速度緩慢，兩岸容易在大雨時發生水患。

基隆河的下游既是一段易於氾濫的河道，且是一段感潮河道。漲潮時，河面迴升現象可以達到汐止。颱風引起的暴潮，以往經常影響到基隆河下游河段的排洪。如今兩岸高聳的河堤，以及「截彎取直」的工程，雖然解決了部分水患，但也大幅改變了基隆河的河流地形景觀。

另外，貴子坑溪、南磺溪以及雙溪，則發源於台北盆地北邊的丘陵地，於流經一小段平原之後，在關渡之前，匯入基隆河下游。這些溪流的源頭附近，有許多是覆蓋在沈積岩上的熔岩台地或者火山丘，因此在山區的流路中，有多處瀑布、急湍和溫泉分布。其中又以雙溪地區的地形景觀最富變化。

關渡是基隆河注入淡水河的地方，附近的濕地是台北附近最重要的水鳥棲息地。

新北市十分瀑布，台灣地表流水非常充沛，河流侵蝕作用是最主要的營力。

↑ 跨越新店溪的三號國道。

Chapter 3-⑧

新店溪

　　新店溪在景美附近分出兩支,由東北東流入的是景美溪,由西南西流入的是安坑溪。新店溪本流繼續上溯,在龜山又分成東北東側的北勢溪與西南西側的南勢溪。新店溪本流有著顯著的曲流;景美溪、安坑溪、北勢溪則是近東西向流路的縱谷,與地層走向及地質構造的方向平行排列。景美溪與安坑溪的流路呈一直線,兩溪的流路在地層、地質構造上是連續的,但是流向卻相反。

新店溪的曲流地形

新店溪從新店到龜山的一段，在地形上以曲流最具特色。曲流發育最劇烈的地方有三，一是在新店及灣潭、直潭間；二是在屈尺、廣興間；三是位於龜山附近。曲流兩岸不對稱，一側是侵蝕形成的陡坡崖壁，另一側是堆積形成的平坦階地。階地較低的部分，在洪水期間，仍然會被淹沒。

灣潭附近因為河道彎曲，一側形成尖銳的山腳，山腳的對岸則是野營、郊遊的勝地。新店附近河曲（彎曲河道）的西側，南港砂岩露出，又因為曲流切割岸坡，因此形成碧潭風景區的陡岸。陡岸下的河水最深、漩渦多、水流急，經常攫取泳者的生命。同樣地，此地的河流下切及側切力量都是最強的。

新店以南，往龜山的公路支線（台九甲）脫離北宜公路之後，即沿著新店溪的東南岸南行。新店知名的社區花園新城就座落在青潭與屈尺之間的山坡上，這一段公路經過了新店溪的四個曲流頸，公路西側即是新店溪的四個大彎曲。

花園新城南方的屈尺是一個平緩坡地，坡面傾向河床。這一塊廣大的緩坡地，原是新店溪曲流經過的河岸地。對岸廣興里也有一個大曲流彎，後來河道抄了近路，切斷曲流，因而廢棄了河道彎曲最劇烈的部分。被廢棄的古河床地，也就是今日屈尺里和廣興里座落的廣大平坦地。

屈尺以南，龜山附近，南勢溪、北勢溪合流點的南方，南勢溪也做了幾個急轉彎。在龜山南方，公路與河曲圍繞的中間，有一個殘留的山丘，高出河床約140公尺。根據地形學的說法，殘丘西側公路行經的谷地，也曾經是河道。這種因曲流發育而被河谷環繞、殘留的獨立小丘，稱為環流丘。此外，南勢溪與北勢溪之間夾著的狹窄稜線前端，有兩段小河階，分別比河床高出15與20公尺。

 新店碧潭。

↑ **南勢溪**
位於台灣北部，是新店溪的源流之一，全長約45公里，流域面積332平方公里，流域涵蓋新北市烏來區全境及新店區南端一小部分。

安坑溪

　　與景美溪相對而流的安坑溪，在風景上比較少受注意。這一條溪谷的上源與三峽附近淡水河的支流橫溪呈谷中分水（或稱通谷）的地形。安坑溪的上源谷深、落差大、向源侵蝕力強，因此分水嶺一直向三峽方向移動。安坑溪的發育是沿著較軟的岩層，河谷的南坡上有新店斷層通過，安坑溪北岸山坡有堅硬的南港砂岩露出，因此地形比較陡峻，而且多單面山、豬背嶺（單面山兩翼山坡傾斜度相近的地形）出現。此外，安坑溪下切作用強烈，因此兩岸有好幾層的河階形成。

景美溪

　　景美溪上溯經木柵、土庫、雙溪，並在雙溪分支成大溪墘溪和石碇溪。大溪墘溪繼續向東發育，到大溪墘之後，呈直角轉向北方，轉角上游有山崩形成的平坦

地，由此向東即是景美溪與基隆河上游的分水嶺。翻越分水嶺，可抵十分寮風景區。石碇溪則是通往皇帝殿風景區的主要路徑之一。皇帝殿在石碇鄉的東方，沿著單面山稜線有一個十分驚險刺激的風景區。由於地層的連續性良好，這一個稜線因而得以從平溪的南方一路延伸到石碇附近。稜線的南方十分陡峻，有些地方已經成了內凹的岩壁，但是稜線的北側卻是一片削平的斜坡。匍行在稜線上，可以見到南側驚險絕倫，北側也構不著地，刺激萬分。

台灣西部山地，大多由沈積岩構成，由於岩層受褶曲作用後都已傾斜，因此傾斜的岩層到處可見；又由於砂、頁岩相互成層，一硬一軟，因此常造成山脈與河谷平行排列的地形景觀。凸出成山的硬岩層，一側的邊坡平行於地層面，形成傾斜的平直坡，但是另一側卻常形成陡立的險峻崖坡。野柳的單面山與石碇的皇帝殿都屬於此類地形。

景美溪是從台北通往十分寮瀑布的主要路線之一，大溪墘溪與石碇溪在雙溪合流。雙溪以西，河谷寬廣，兩側河階地發達，而且都已耕作利用；雙溪以東，大溪墘溪的河谷變成峽谷，切割作用劇烈，積極進行向源侵蝕。景美溪的雙溪以下雖然河谷寬廣，但是現在河床已經下切成10到15公尺深的掘鑿曲流（指在寬廣河床上再下切形成深河道的情形），因此河谷兩岸河階發達。這些河階是河流加速下切以前的河床面。

河谷橫剖面示意圖（*Clowes and Comfort, 1986*）

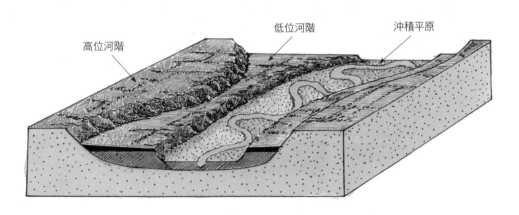

高位河階　　　低位河階　　　沖積平原

大屯火山區

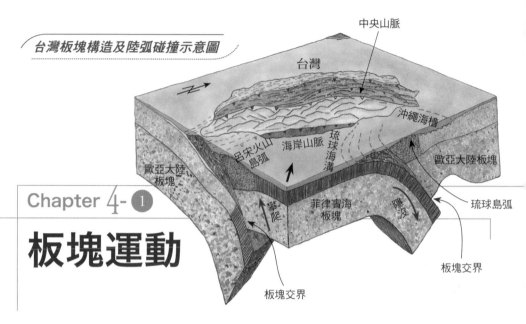

台灣板塊構造及陸弧碰撞示意圖

中央山脈
台灣
沖繩海槽
歐亞大陸板塊
呂宋火山島弧
海岸山脈
琉球海溝
歐亞大陸板塊
菲律賓海板塊
琉球島弧
攀爬
隱沒
板塊交界
板塊交界

Chapter 4-①

板塊運動

地球誕生至今大約有45億年，在這漫長的發育過程中，地殼變動（含造陸和造山運動）以及火山噴發的活動幾乎未曾停止過，只是發生的地點一直在改變。

板塊運動是地質學界自西元1970年以來最為歡迎的學說，用來解釋地表的現象以及隱藏在背後的地殼變動。一般來說，地質學家認為地殼並不是一個整體，而是許多塊不連續的單元，這些不連續的單元就是所謂的板塊。

依照板塊構造學說，地球表面由厚度約100公里的地殼所覆蓋，地殼最外層的岩石圈，共可分為七大板塊和數個小板塊。換言之，地殼並非像果皮般完整連續，而是由總數約二十多塊大大小小如拼圖般的板塊所組成。

板塊也並非完全靜止的，它時時在動，受到地殼下方地函物質熱對流作用的推拉，會產生碰撞或分離，只是移動的速度相當緩慢，在人類短短的一生中無法感受出它的變化。但是，在板塊和板塊的接觸帶上，火山和地震等地殼活動的現象卻可以證實板塊之間的碰撞情形。

台灣就位在歐亞大陸板塊和菲律賓海板塊的交界構造帶上，在這兩個板塊的擠壓及隱沒推拉之間，形成台灣今日的地貌。至今這兩個板塊的推拉運動仍然持續地進行著，這點可以從台灣不斷發生的大小地震以及伴之而生的活斷層得到證明。

一般來說，海板塊比陸板塊重，因重量的差異，海板塊通常會隱沒在陸板塊之下。但是台灣地區的島弧發展卻並非完全如此，海板塊竟然攀爬到陸板塊之上了（也可以說是陸板塊隱沒到海板塊之下），造成了台灣在大地構造上的特殊現象。

↑ 基隆山是一座侵入型的火成岩體，原本是岩漿在地底固結形成的岩體，後來因為上覆岩層被侵蝕，而暴露成山。

火山作用

地球內部產生的高溫熔融流體稱為岩漿，當岩漿衝破覆蓋的岩層噴到地面時，就叫熔岩。火成岩就是由熔融的岩漿冷卻固結而成。火山活動則是指岩漿噴至地表的運動，和由這個運動所造成的各種地質現象。

火山噴發時可以有液體、氣體和固體三種產物，從火山口慢慢流出的熔岩，是造成各類火山岩的基本物質；火山噴發時也會有大量氣體噴出來，其中70%左右是水蒸氣（蒸氣是造成火山爆裂的主要因素），其他氣體還有二氧化碳、氮和硫氣等，也有少量的一氧化碳、氫和氯；火山的大量固體噴發物則叫做火山碎屑，有著各種不同的大小和形狀。

火山噴發的型式可分為爆裂式噴發及寧靜式噴發，這兩種噴發型式，大致上分別與中心噴發及裂隙噴發的活動方式相符合。中心噴發具有明顯的主要火山口，所有火山物質都自火山裂口噴出而堆積在火山口周圍，常形成明顯的錐狀火山體，如大屯火山群。裂隙噴發是大量熔岩沿著地層中無數裂隙或裂縫向上湧升至地表而成，沒有主要的火山口及錐狀的火山體，但常造成分布廣闊的火山岩區，例如澎湖群島。

火山的類型

錐體

火山的外形，依火山噴發的型式和成分的差別而不同，大致可分為三類。

盾狀火山

這類火山呈扁平的低錐狀山形，有如平放地上的盾牌，這是因為火山噴出的熔岩流是以流動的玄武岩質岩漿為主，它們常沿裂縫或中心溢出。例如夏威夷群島或冰島的火山。

錐狀火山

具陡坡的圓錐形火山，如果是由爆炸式的火山所噴出的大量火山灰碴所堆成者，稱為火山碴錐，其形狀像倒置的飯碗，頂上常有一寬大而陡峭的火山口。此

↓ 大屯火山群峰。

福爾摩沙的故事　獨特的容顏──北台灣

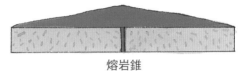

熔岩錐

熔岩穹錐

外，呈高錐狀或鐘狀的圓頂形火山，則多半是由流動性較差的中性或酸性熔岩所凝成。

火山碴錐

複式火山

　這種火山常呈圓錐形，上部坡度較陡，底部則較平緩，這種火山是由熔岩流和火山碎屑交替噴發而成，因而相間成層。這是標準的火山形態，也可稱為成層火山。

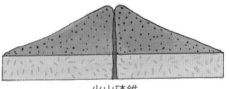

複式火山

火山噴發前的岩盤　　火山碎屑　　熔岩

火山熔岩流

熔岩是由火山口流出的岩漿在地面冷卻而成。

碎屑岩

火山碎屑岩是由火山拋出的火山灰燼、角礫以及固結後再破碎的熔岩碎塊混雜而成。火山頂部凹陷的部分叫做火山口，通常即是火山噴發的出口，大多是內壁陡峭的窪地。例如向天山、磺嘴山和小觀音山的火山口。

爆裂口

爆裂口是高溫火山氣體噴出地表所造成的陷落地，四周岩壁也很陡峭。例如大屯山區的大磺嘴、大油坑、小油坑、馬槽、四磺坪，以及北投的地熱谷等。

火口湖

火山活動停止後，凹陷的火山口或爆裂口蓄積地表水，成為湖泊，稱為火口湖，例如向天池、磺嘴池等。

↑ 澎湖群島是另一類型的火山：緩緩湧出的岩漿，留下了同心圓狀的火山口。

↑ 陽明山國家公園小油坑地質區的硫氣孔。

冷水坑的牛奶湖，是因
為細粒硫磺懸浮水體中
而呈現的奇景。

大屯火山區的起源

　　大屯火山區分布在台北盆地的東北方，其中火山熔岩形成的富貴角是台灣本島的最北端，東南側以雙溪及瑪鋉溪的連線為界，西南以林口台地邊緣的紅水仙溪及冷水溪為界，南北長約22公里，東西寬約20公里，在行政上分別隸屬於台北市與新北市。

　　大屯火山區共有九個火山亞群，分別是觀音山、大屯山、竹子山、七星山、燒焿寮山、內寮山、磺嘴山、南勢山與丁火朽山。每一火山亞群各有數個火山錐，也有不具火山錐的火山體。

　　此區的沈積岩及火山岩都是新生代以後（約2,000萬年前）的較新岩石。成層狀的沈積岩大多在海底生成，原本呈接近水平的層狀構造，大約在400萬年前的蓬萊造山運動中，這些成層狀的沈積岩層在造山運動以及它所伴隨的褶皺作用、斷層作用下，形成了排列有序的山脈谷地，並且開始暴露在地表的地形作用環境中。

　　到了造山運動的後期（大約280萬年前），大屯火山區的火山開始噴發，並約在35萬年前結束最後一次噴發。其中距今80萬到60萬年間是大屯火山區最旺盛的噴發期，噴發的火山熔岩掩蓋在沈積岩之上，構成了大屯火山區的原始火山地形。即使今天到大屯火山區一帶觀察，或是根據地質圖上的資料，依然可以看到火山岩在中央，而四周被沈積岩環繞的情形。

大屯火山區主要火山位置圖

北

崁腳斷層

士林

淡水河

燒焿寮山

觀音山

紗帽山

大尖山▲

內寮山

大屯西峰

磺嘴山▲

大尖後山▲

七星山
▲

面天山
▲

淡水●

大屯山

小觀音山
▲

菜公坑山

丁火朽山
▲

野柳

南勢山▲

竹子山
▲

金山

三芝

金山斷層

石門

白沙灣
●

富貴角

熔岩

集塊岩

火山碎屑

蓬萊造山運動

　　台灣在地殼構造上正處歐亞大陸板塊與菲律賓海板塊的邊界，由於兩板塊間的相對運動相當頻繁，因此全台多地震。根據地質學家的研究，發生在上新世與更新世交接期間的蓬萊造山運動，是台灣新生代地殼變動的最高峰。

　　大約在400萬年前，菲律賓海板塊和歐亞大陸板塊逐漸靠近，兩板塊之間因為相互對峙，相持不下而產生擠壓作用，終於引起激烈的蓬萊造山運 。當時菲律賓海板塊的西北角以斜向撞上台灣島（花蓮附近），並且向北切入歐亞大陸板塊之下（隱沒作用），因而使得台灣北部中新世以前的地層及主要地質構造走向，在花蓮西北方發生向東轉折的現象。另一方面，這次造山運動最具代表性的產物——頭嵙山層則最發達於轉折線以南，也就是受擠壓最激烈、隆起最顯著的中央山脈主體的西南側。當時，台灣東部的海岸山脈還位於恆春半島的東方海底，隨著菲律賓海板塊的向北隱沒才北移，並浮出海面到現在的位置。

　　蓬萊造山運動之後，可能因為造山壓力減弱，而使第三紀的岩層發生很多張力裂隙，火山噴發可能就沿著若干裂口上升，形成了大屯和基隆（基隆火山群即金瓜石一帶）兩個重要的更新世火山區。根據地熱作用廣泛活動的證據，這些火山可能還沒有完全死滅。

❶ 距今2,000～1,000萬年前
❷ 距今1,000～600萬年前
❸ 距今600～300萬年前
❹ 距今300～50萬年前
❺ 距今50萬年前～現代

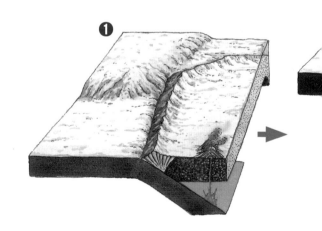

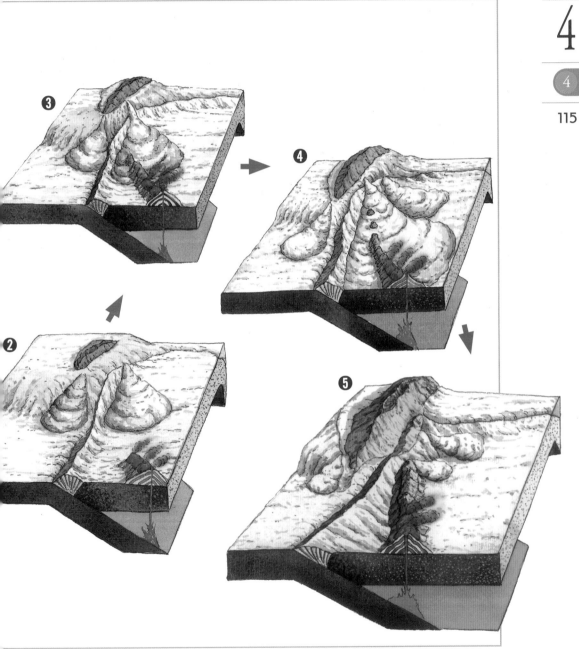

↑ 七星山和小油坑。

大屯火山群

　　大屯火山群大約有20個火山體和火山錐，呈東北－西南方向排列，與台灣北部的區域地質構造走向一致。

　　若依火山體位置，可以將大屯火山群分成三列：東列包括大尖後山、內寮山、大尖山與磺嘴山；中列為七星山；西列包括大屯山、小觀音山與竹子山。萬里西方的丁火朽山，在分布上是獨立的一座火山，位置在陽明山國家公園的範圍之外。

　　大屯火山群中有許多圓錐形的火山，巍然屹立，四周地形險峻，斷崖常見。整個火山群不僅多圓錐形山峰與幽深峽谷，山嶺上也有許多平台。例如竹子山北側的二坪頂，即有多達三層的平台地；小觀音山西側的平台也有三層；北磺溪的上源，頂中股一帶也是一個平台；萬里南方則有大坪台地；山仔后一帶的廣闊平

台則呈狹長形向南遞降，平台的西側十分陡急，從華岡到天母之間，崖壁陡立，相對高度達350公尺，平台東側坡度較緩，而且有許多小盆地，成為人口集中的地方。

大屯火山群的火山大多屬於複式火山，例如七星山就是標準的成層火山；面天山全由熔岩構成，山形呈鐘狀；七星山西南側的紗帽山，由熔岩所構成，也呈鐘狀圓錐丘。除此之外，大尖山也呈鐘狀。

火山分布的東南邊界是雙溪河谷，這裡恰好是一個斷層經過的地方；在衛理女中以北，溪中石礫遍布，而且溪谷狹窄。而西北沿海，由石門至金山一帶，山地逼海，岸邊同樣石礫遍布，溪谷陡峻。石門以南到淡水以北的山坡上，階地分布廣，高度從100到300公尺不等。

大屯火山群諸峰中，七星山海拔1,120公尺，是最高的主峰，它的噴發時間最遲，因此火山錐的外形最標準，但它的噴發口原形已不完整。由於山頂附近有七個圓頂小山峰，因此被稱七星山。

七星山噴出的熔岩流向西南，直流到士林的芝山岩附近，山區周圍多硫氣孔、溫泉、熱水變質帶與斷層，尤以東北方的大油坑與馬槽地區最為集中，西側的小油坑也同樣有噴氣孔、溫泉及熱水變質帶。

七星山附近的風景區經常有人舉辦登山活動，遊賞七星山與小觀音山間的鞍部一帶。鞍部的南側就是小油坑噴氣孔的位置，地形上呈現明顯的陷落凹地。七星

觀音山　　　　　　　　　　　　大屯山系　　　　　　　　　　七星山

夢幻湖可能是山崩造成的堰塞湖。

山的東側有夢幻湖，舊名鴨池，再向東南方有絹絲瀑布與擎天崗草原（太陽谷）。

七星山的寄生火山—紗帽山（643公尺），也具有完整的鐘形外觀，因外形如同中國古時官員的烏紗帽而得名，它的南側有公路連接北投與陽明山。

大屯山主峰高1,092公尺，北方是菜公坑山（837公尺），東北方是小觀音山（1,070公尺），西方是面天山（977公尺）、大屯西峰（983公尺）與二子山（896公尺），南方則是大屯南峰（959公尺）。

依據《淡水廳志》的記載，大屯山的噴發口蓄水成湖，稱為向天池；但是今日

大屯山的芒花盛開。

大屯西峰

福爾摩沙的故事 獨特的容顏—北台灣

登山界所稱的向天池，是在面天山西側的另一山峰上，這一山峰被稱為向天山，高度是880公尺。面天山有兩個噴發口，靠西的一個呈漏斗狀，直徑約230公尺，深約45公尺，有時蓄水，稱為面天池。

由台北市區北望，在七星山與大屯山之間夾著頂部平坦的小觀音山，它的火山口直徑約1,200公尺，深300公尺，是大屯火山群中規模最大的一個，以前名為「大凹嵌」。

↑ 陽明山國家公園的硫磺谷是一個採礦遺跡，常見噴氣孔、溫泉。

竹子山是陽金公路越過七星山鞍部後，西側的高聳大山，它的東坡十分險峻，可能與金山斷層有關。竹子山的火山熔岩向北流至富貴角與麟山鼻一帶，形成的斜坡較緩，而且外緣有廣闊的上升海蝕階地，最高的可達200公尺。

面天山

觀音火山群

　　觀音山位於台灣島的西北端，隔著淡水河與大屯火山群遙遙相望。它與大屯火山群各為獨立的火山活動所造成，但都是在第四紀更新世時經數次噴發而成。

　　噴發的原因可能是由於菲律賓海板塊隱沒到歐亞大陸板塊下而引起的火山作用，因此觀音山可視為琉球島弧的延伸。

　　觀音山的火山主體是單一噴發中心的複式錐狀火山，錐體半徑約1至2公里，噴發中心在觀音山主峰的東南方。該火山有三個主要的火山活動期，現今的火山構造則主要受到第三期劇烈爆發的影響，部分的主要錐體因此毀掉了，並造成了火山陷落。現今在凌雲山一帶之半環形的連峰，可能是火山口壁的西側；在此以東，即石壁腳附近呈馬蹄狀半圓形凹陷的地形，可能是火山口所在；但火山口的

東壁已經受第三期劇烈爆發的影響而塌陷，部分碎屑構成了分布於凌雲山以東地區的集塊岩。

安山岩熔岩流構成了本區最高的觀音山（又名硬漢嶺，標高616公尺），並往四方延展，而以東北、北及西北面分布較廣遠；玄武岩質熔岩流則形成南北縱長的福隆山、圓頂的萬年塔小丘及烏山頭。此二類熔岩流所造成的地形，除了末端較陡外，一般坡度均呈緩起伏。

觀音山南方和東南方，一組由凝灰角礫岩或集塊岩所構成的山稜，如屏障般聳立於凌雲禪寺後面及東側，顯現壯麗的景觀。觀音坑附近有一受安山岩質侵入岩體所拱起的單斜脊，其外圍則呈圓弧形的構造；獅子頭上方集福村有寬廣的平坦面，上覆再生（或新生）紅土，而基底主要是火山凝灰角礫岩及集塊岩。這都是與火山有關的特殊地形。

觀音山火山區的水系呈輻射狀，以最高的觀音山為中心分向四周放射，是火山地形的特有現象。除觀音坑溪因位於火山地形與台地地形的分界，而呈較深長、寬廣的河道外，其餘諸溪流均短促而淺急、河谷呈 V 字型、無明顯的支流分布，這些現象顯示觀音山火山地形還是幼年期地形。

淡水河南岸的觀音山。

大屯火山群的特殊地景

火山岩石

　　大屯火山群各火山體的材料，以安山岩及其碎屑岩為主。安山岩（Andesite）因岩性與南美洲安地斯山脈（Andes）相同而得名。環繞太平洋四周，大陸邊緣及島弧的安山岩呈特殊條帶狀分布，因此稱為「安山岩線」。在此區域中，火山、地震頻仍，外側有很深的海溝，內側則有大量安山岩分布於各區域。

　　安山岩是一種中性岩石，成分介於流紋岩與玄武岩之間，主要由輝石（普通輝石與紫蘇輝石等）、角閃石的大晶體、斜長石、鈉鈣長石和磁鐵礦的微細晶體或未結晶的火山玻璃所組成。仔細觀察安山岩，即可見到輝石和角閃石的黑色結晶。由安山岩組成的大屯火山群火山岩可分為集塊岩、熔岩和火山碎屑三種。

集塊岩

　　是由火山噴炸出來的岩塊組成，大部分集中在火山基部，又可分為熔岩質集塊岩及凝灰質集塊岩，前者可在小觀音山、大屯山南峰及竹子山附近發現；而後者主要出露在火山周緣，分布在竹子山以北地區。

熔岩

　　即安山岩熔岩流，多分布在火山群中央部分，構成大屯火山群的主體，流布於本區域的大部分地區。

火山碎屑

　　本區火山碎屑是由未固結的火山灰與崩碎的安山岩混雜而成，大多疏鬆地被覆

↑ 白土：安山岩中的黑色礦物被含硫酸的熱水溶解流失後，剩下的石英和黏土礦物呈灰白色，俗稱白土。

↑ 針簇狀硫磺結晶。

在火山表面，部分已紅土化，廣泛地分布在竹子山麓及磺嘴山麓一帶。

礦物

與溫泉和噴氣活動有關的幾種礦物，包括：針狀硫磺、北投石、石膏、明礬石、褐鐵礦等。最容易觀察的晶體是硫磺。

針狀硫磺

噴氣孔周圍常見美麗的黃色針狀硫磺結晶生長。此硫磺結晶乃蒸氣中所含硫化氫與二氧化硫化合的結果。硫化氫屬於毒性氣體，好在它具有獨特的臭味，容易以嗅覺辨識。

 北投石：硫酸鋇與硫酸鉛的混合物，含微量放射性鐳。

明礬石

明礬石普遍呈白堊狀，含氧化鐵時則帶紅色或棕黃色。

褐鐵礦

褐鐵礦呈黃褐色或部分呈紅磚色，光澤暗淡。

↑ 馬槽溪的上游源頭有山崩，因此河道多塊石。

地熱景觀

　　地熱是指蘊含在天然熱水或蒸氣中的熱能。

　　大屯火山群地區地熱的形成大致是這樣的：雨水滲入地下，進入含水層或儲集層（五指山層），被下方的熱源加熱後再伺機而上。由於熱水比重較小，溫度也高（七星山東北側地下千餘公尺深處測得的最高溫度為293℃），壓力與浮力較大，因此當上方岩石有裂隙通達地面時，即循此裂隙而上，然後在低窪處形成溫泉，或在高處（地下水面以上）形成噴氣孔，端視熱水溫度、地形與地質條件而定。

　　大屯火山群中最特殊的地熱景觀，就是噴氣孔。噴氣孔的噴發物以水蒸氣為主，其餘成分包括無色無臭的二氧化碳，和帶有惡臭的硫化氫氣；噴出的氣體溫

度在100℃左右。

噴氣孔除了可見到硫氣孔、噴氣孔、溫泉等活動外，還有經過熱水蝕變作用的岩石，這些岩石不僅變得鬆軟，也會有黃色、白色、紅色、黑色等變化多端的色彩組合。

當鬆軟的岩石逐漸崩塌下陷，就成了下凹的孔穴狀地景。本區較為著名的噴氣孔分布區，由北而南有焿子坪、大油坑、四磺子坪、馬槽、小油坑、新北投的硫磺谷、龍鳳谷等等。

熱水蝕變作用

熱水蝕變作用又稱為熱水換質作用。高溫熱水對安山岩的腐蝕作用很大，同時，噴氣孔噴出的酸性氣體（硫化氫及二氧化硫），也能腐蝕周圍的安山岩，使它脫色或換質成白土。

此類白土以蛋白石化作用為主，即安山岩中各種金屬離子除了矽之外，都被酸性熱水溶蝕而淋溼，殘留的膠狀二氧化矽則轉變成輕而鬆的蛋白石質岩石，其中常會有部分進一步結晶成低溫方矽石（cristobaiite），或局部變為鱗矽石（tridymite），及甚少的微晶石英粒。在噴氣孔較外圍的附近岩石，由於鹼性及鹼土元素以及鐵離子多已溶失，但尚保留矽和鋁離子，因此可結合成高嶺土（kaolin）質或明礬石（alunite）質的黏土。

大屯火山群地區的換質礦物有低溫方矽石、鱗矽石、石英、蛋白石、高嶺土、明礬石、硬石膏、黃鐵礦、硫磺、蒙脫石（montmorillonite）與透長石（orthoclase）等種類。其中，蒙脫石與透長石僅局部出現在馬槽地面及地下換質岩內。

以礦物群為分類，換質帶可細分為弱換質帶、黏土化帶、明礬石化帶、矽化帶與硫磺硫化鐵帶。矽化帶與硫磺硫化鐵帶多出現在火山噴發中心一帶，與噴氣孔關係密切。明礬石化帶也多在噴氣孔附近；黏土化帶則在外圍。各類的換質帶遍布於本區各溫泉區與其他曾有溫泉及噴氣孔活動的地方，形成了顏色富麗的特殊景觀。

大屯火山群的溫泉分布

本區的溫泉及噴氣孔，集中分布在北投與金山之間一個長約18公里、寬約3公里的狹長地帶，可劃分為13個溫泉區，即新北投、大磺嘴、前山公園、陽明山中山樓、竹子湖、小油坑、馬槽、大油坑、三重橋、四磺坪、焿子坪、金山、大埔等地，其中大磺嘴、小油坑、馬槽、大油坑、四磺坪與焿子坪噴氣孔現象甚為劇烈，陽明山中山樓與竹子湖二地也有微弱噴氣孔，其他地區則僅有溫泉而無噴氣孔。

斷層

斷層是地殼內部的巨大力量加在岩層上，使得岩層破裂，並沿破裂面兩側滑動的現象。大屯火山群內有兩條主要斷層—崁腳斷層和金山斷層。

崁腳斷層是大屯火山群地區的東南邊界，瑪鋉溪—雙溪連線則大致在崁腳斷層的西北側，兩者幾乎呈平行排列。崁腳斷層是東北－西南走向，並向東南方傾斜，它的北端在萬里附近出海，南端通過外雙溪中央公教社區及士林進入台北盆地。這一條溪谷連線的東側即是五指山山脈的領域。

在地形上明顯易見的崁腳斷層線，從萬里向西南延伸到外雙溪、士林一帶後，越來越不明顯，到台北盆地附近已逐漸消失。

另外一條主要斷層—金山斷層，係從金山的西北方穿過竹子山與小觀音山的西南

↑ 硫氣孔。

↓ 大油坑硫磺塊。

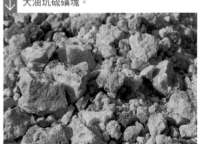

↑ 表面覆蓋硫磺的岩壁。

↑ 大油坑硫礦場的棄置設備。

側、北投復興崗、關渡，再繼續南伸；從衛星照片上，可清晰地看出這條斷層與林口台地西南界的新莊斷層相連。它的東南側是溫泉、噴氣孔、熱水蝕變帶出現頻繁的地區，由於這些噴氣孔都分布在斷層線的東側，顯示斷層面向東傾斜。

金山斷層在通過金山的河口沖積平原後，大致上沿著礦溪河谷南伸，然後在北投附近進入台北盆地，並且造成關渡、北投兩地之間山地與盆地的分界。它將大屯火山群一分為二，斷層向南的延伸似與台北盆地的西界、林口台地的東南界重合，並與新莊斷層相接。根據資料顯示，此斷層構造都在一直線上，金山斷層南延通過台北盆地西側─五股鄉淹水區與林口台地之間。

伴隨著斷層帶的熱水蝕變作用，在此區造成了一些小規模的礦床，如白土礦、硫磺礦、硫化鐵礦等，另外還有褐鐵礦的生成；較大的礦床分布在大油坑、四礦坪一帶。七星山北側曾經是地熱開發的目標區，後來因為熱水酸度太強而被迫放棄。

火炎山與泥岩惡地

 苗栗火炎山是觀音山以南緊鄰西海岸的最高峰。它的南側礫層暴露成陡崖。滾滾礫石落下成河，豪雨後即向前蠕移。

火炎山

　　火炎山是一種特殊地形景觀的名稱，有時也被借用為當地的地名。它們的出現必定有著特殊的地質、氣候等環境條件。火炎山通常都具有尖銳、鋸齒狀的山峰、陡峭甚至垂直的邊坡，以及深而窄的溝谷，因為植物難以生長，山坡上草木稀疏。

火炎山的生成

　　火炎山地形形成的必備條件之一，是在地質上要有厚的礫層，而且礫石與礫石之間的膠結不是很緻密。這些厚的礫層，很可能是在劇烈造山運動期間生成的。地殼快速上升的結果，使得侵蝕的速度加快，大量的礫石從高山地區被河水不斷地沖刷到河口堆積，由於急速的堆積，使得大小礫石混雜，無法形成粗細層次分明的沈積岩。

　　火炎山礫層中的礫石，大多近乎圓形，直徑從幾公分到30公分不等，主要是砂岩的碎塊經過河水搬運，外形被淘磨平滑後堆積而成。這些巨厚的礫層，可能因為地殼的繼續變動（例如褶皺和斷層），而隆起成山。當礫層露出水面成山之後，就開始它另外一段的發育史。它必須面臨空氣、水、生物等不斷地風化與侵蝕；同時也要天天遭受重力的影響，在已經生成的邊坡上，一塊一塊地隨重力往下崩落。

　　風化、侵蝕，尤其是狂風暴雨的攻擊及河水的浸透沖刷，使得一塊一塊礫石終於鬆動而下墜。又因為礫層的透水性良好，使得下切的侵蝕作用容易進行；當礫層乾燥時，沒有水的潤滑，則能維持陡立的山坡，因此在多項因素的綜合下，造成壁立的陡坡、密布的深谷，以及深谷裡滿布的卵石。當侵蝕作用進行中，蝕谷、邊坡地形的發育隨處可見，只要細心觀察，都能自行體會。

分布地點

　　在台灣本島，這種地形分布在下列地點：苗栗縣三義南方、大安溪北岸的火炎山；台中市東邊的頭科山；台中市、南投縣交界，烏溪北岸的雙冬一帶；濁水溪北岸、集集東北方的北勢角；濁水溪南岸、鳳凰山山脈西北角的番子寮、東埔蚋寮之間；斗六丘陵北段的觸口台地周圍；竹山丘陵東北隅及其西緣的清水溪右岸；高雄市的六龜附近；花蓮縣海岸公路經過的鹽寮附近；台東的卑南等地。

 鵝卵石內部的風化紋。

↑ 三義火炎山在夕陽下，呈顯出紅色。

三義火炎山

位於苗栗縣境內，大安溪北側；其中以中山高速公路西側的一塊發育最好，規模也較大，從高速公路經過大安溪橋到泰安服務區的一段，都可以清楚地看到它，可說是苗栗縣最明顯的地標。這裡的景觀，大致上由數個廣大的礫石沖積扇，以及扇頂、溪谷盡頭的峭壁所構成。這些裸露的扇面、峭壁和周圍有植物生長的山，在顏色上產生強烈的對比。也有人說，在夕陽的映照下，

↑ 三義火炎山蝕溝切割下的礫層。

一片片紅色的山壁，嵌在墨綠色的山影中，好像是傳說中西遊記的火焰山。

三義火炎山地區地理位置圖

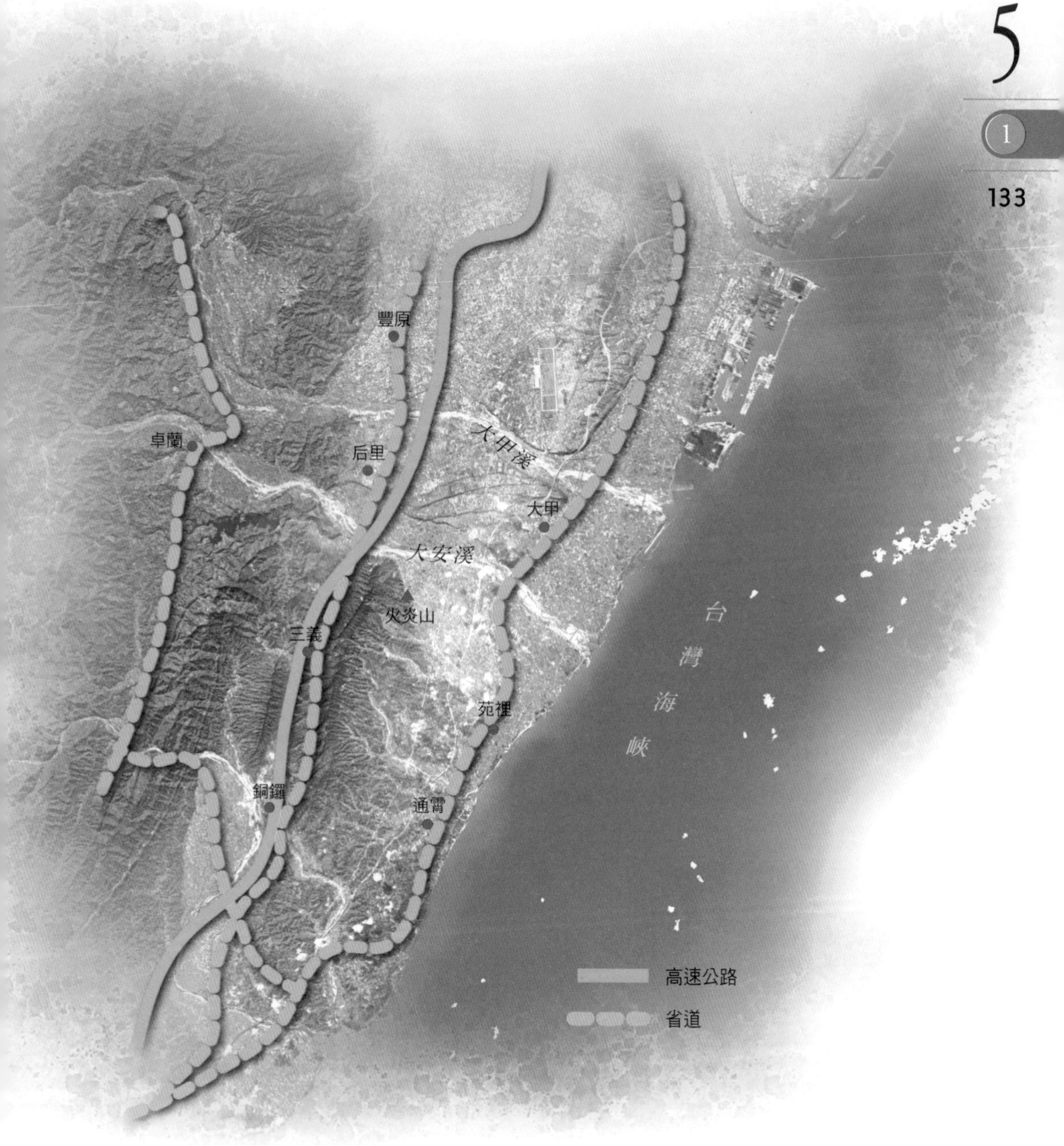

豐原

卓蘭

后里

大甲溪

大甲

大安溪

火炎山

三義

苑裡

通霄

銅鑼

台

灣

海

峽

	高速公路
	省道

↑ 平時無水的南投九十九尖峰河谷。

南投的火炎山地形

　　台中市與南投縣交界的火炎山，位在烏溪的北岸，是豐原東南隅的名山，鄰近的交通中繼站是烏溪南岸盛產檳榔的雙冬；它也是從草屯往日月潭北線必經的一站。

　　雙冬火炎山以厚約1,000公尺的礫層組成，在地質上屬於更新世頭嵙山層上部的火炎山礫層，在地形上則是呈現鋸齒狀的山峰。由於礫層透水性良好，容易受雨水侵蝕下切，因此生成許多尖銳的山峰和深溝，這些深溝的兩壁經常可以維持近垂直的坡度。如在鄰近雙冬的雙龍隧道中間，即可見到兩段隧道間，隔著寬僅數公尺的垂直狹長深溝。

　　由於雙冬火炎山地區遍布這種深溝，地形切割劇烈，因此形成無數個直立的圓錐狀山峰。從遠處望去，這些分布密集而不規則的小峰，很像是跳躍的火焰，因此長久以來，也被稱為火炎山。

　　雙冬火炎山又稱九十九尖峰，據說是有99個尖銳的獨立峰。火炎山地區河谷平時無水，河床覆滿卵石，外觀像是卵石河床，滿地滾珠。由雙龍隧道附近遙望火炎山，是最好的角度，不僅九十九峰聳立的景觀彷彿畫景一般，襯托在九十九尖峰之前，平坦的坪林河階和兩側低矮的丘陵，也極有可觀之處。

　　通常，遊客搭車經草屯前往九十九尖峰火炎山之前，必須先經過土城及雙冬之間的丘陵地和烏溪河岸，所以一路上，起先見到的是約200公尺高的丘陵地，然後突然在烏溪北岸丘陵地的後方出現高達683公尺、火焰般的九十九尖峰，從平緩進入尖凸地形的強烈驟變，衝擊著觀者的視覺及心靈，讓人忍不住要下車佇足欣賞、驚歎一番。就地形景觀的美學而論，此地有著多種劇烈的地形對比，例如200公尺與683公尺的高度對比；從平緩到尖凸山峰外形的對比；藍天白雲與尖銳山峰的對比；以及往昔人們對尖銳山峰觀賞經驗稀少，而形成的經驗對比等等，這種奇異純潔的美感，最能使觀賞者在剎那間，忘卻世界上其他事物的存在。

　　道光16年（1836）周璽的《彰化縣志》有如下的記錄：「火燄山，在縣治東五十里，夾貓羅、貓霧二山為之左右，峰尖莫數，秀插雲霄，狀若火焰，樹林茂密，上多松柏。其下為烏溪之流所經，山半有蝙蝠洞，其蝙蝠多且大。山上有池，周圍數丈，雖大旱，水終不涸。相傳池中有文龜，天欲風雨，文龜見於水面。其峰尖銳若削，曙色初開，霞光燦爛。《郡志》謂『燄峰朝霞』，即邑治舊八景之一。」

　　烏溪北岸雙冬附近，火炎山地形分布的面積不到15平方公里，最高峰683公尺，另有625與525公尺的山峰。本區的東側是烏溪寬廣的河谷及河階地，西側是霧峰一帶的層階狀地形及丘陵地，西北側有高達1,205公尺的大橫屏山；南側也是烏溪河谷。

　　火炎山礫層在地質上是一個特殊的地層單位，屬於頭嵙山層的上部，它形成的時代是在新生代晚期第四紀的更新世（大約100萬年以前）。頭嵙山層在台灣西部的分布十分廣闊，從新北市一直到屏東縣的恆春都有。不過它的上部火炎山礫層，在

↑ 遠眺九十九尖峰。

中部地區發育得比較好，厚度從幾百公尺到1,500公尺左右，而且即使厚度大的礫層中也很少間夾砂層。

一般來說，頭嵙山層大部分是砂岩與頁岩的互層，砂岩的顆粒較粗，通常也比較堅硬，抵抗侵蝕的能力較強；頁岩顆粒細，質地軟，所以抵抗侵蝕的能力很差。因此在差異侵蝕之下，砂岩區便形成山峰，頁岩區則形成谷地。如果砂岩、頁岩交互出現，就會產生山與谷鄰接排列的地形，且又因為沈積岩地層褶曲後的傾斜，因此常易造成單斜嶺（單面山）的地形。

許多單斜嶺平行排列，而且高度相差不大，就形成了所謂的層階地形。這正是本地火炎山西側的標準地形。例如南投雙冬的火炎山，從雙龍隧道西側北望，烏溪對岸200公尺以下的丘陵幾乎都是層階地形。它的地層走向正巧和烏溪的流向垂直，在河流切割的坡面上，地層的傾斜和層階地形，表現得再好也不過了。烏溪北岸的地層大約向東南呈30或20度傾斜，地層延伸的走向是北北東。

此外，雙冬本地和對岸的西側是平坦的河階，而火炎山的東側是一條呈南北方向延伸的大斷層，這條大斷層大致沿本段烏溪河床的西岸延伸。斷層東側是大橫屏山砂頁岩分布的地區，傾斜的砂頁岩互層在差異侵蝕下，形成高大綿長的單斜嶺山脈，從龜溝一帶北望，尖銳的山脊直插雲霄，壯偉非凡。烏溪切穿大橫屏山

↓ 六龜火炎山——十八羅漢山

福爾摩沙的故事 獨特的容顏——北段

的溪谷，陡而且狹，這又是地質地層、岩性等控制河谷地形的一個好例子。

　　以雙冬附近整個區域來看，火炎山地區的絕對高度、相對高度、河谷密度、坡度等都特別大，因此具備了多項高品質特殊地形景觀的條件。這些地形條件又受著地質條件的控制，因此無論稱它為地形景觀也好，或是地質景觀也好，都是觀賞及地球科學教育的最好地方。

　　頭嵙山在豐原東方及東勢南方的中興嶺南側，是頭嵙山層露出的標準地點，不過上部火炎山礫層的發育比雙冬附近要差得多，因此鋸齒狀山峰不如火炎山來得發達。

六龜火炎山

　　六龜在高雄市境內；由旗山往東的184號公路在荖濃溪畔北轉之後，經過新興村（舊名新威）後即可抵達。六龜的南邊是另一處發育良好的火炎山地形區。此處仍然是陡峻的礫層絕壁，環繞著尖銳的山峰。

　　此區火炎山地形的分布都在公路的西側，板埔附近最適宜觀察。當地的舊路有

九二一地震之後，雙冬火炎山更形光禿。

好幾條隧道穿過六龜礫層，隧道附近的絕壁也都是由礫層組成，維持著將近垂直的邊坡，隧道群的北方或是荖濃溪對岸，是遙望這些火焰狀山峰的好地方，當地居民稱它們為「十八羅漢山」。

有關六龜火炎山的岩層分布，在地質史上另有一段故事：在古老的地質年代裡，屏東平原曾是一個山脈群起的地方，後來因為造山運動的影響，向下陷落。這在六龜附近留下了一部分的證據。六龜地塹，這個中間下陷而兩側是山的地方，堆積了旺盛侵蝕帶來的巨厚礫石，礫層的厚度大約是300公尺，愈向南愈見增多。礫層內的礫石，直徑從幾公分到30公分不等，外形不很圓的礫石被沙和粉沙膠結；夾在礫層內還有許多炭化漂木、土鐵石結核和煤質團塊（六龜礫層的膠結要比火炎山的礫層堅密），這些礫層證實了劇烈的造山運動。

根據中國石油公司深井鑽探的資料，屏東平原至少下陷了近千公尺，也就是說，在原來的地形面上已經又堆積了近千公尺的近代堆積物。陷落地的東界是荖濃溪和潮州斷崖。

荖濃溪大致上是沿著斷層發育的，這條斷層有人稱它為土龍灣（在六龜的東北方）斷層，也有人稱它荖濃斷層，是分隔中央山脈與阿里山山脈的地質、地形界線。潮州斷崖接續荖濃斷層，成為屏東平原的東界。斷崖以東，山脈陡起，直上3,000公尺，形成中央山脈南段的大武山主稜線，也是南台灣的主要分水嶺。斷崖與平原的交界上，溪谷出山的谷口，是一連串的沖積扇，沖積扇的扇端，是地下水豐盛且有著許多自流井的地方，扇面的坡上因而大多種植水果。

屏東平原南方的海底有一個狹長的海溝，伸向呂宋島的西側，好像是陷落陸地的延續。在此，「滄海桑田」之說是毫無疑問的，在人類短暫的生命中，只能見到大地巨變的點滴。地球的變動真像一篇神話故事，是無法用實驗或觀察來證明的。

↑ 高雄月世界。

Chapter 5-❷

泥岩惡地月世界

　　另一種特殊的地形稱為「惡地地形」，一般將它叫作「月世界」。惡地地形主要分布在泥岩地區內。台灣本島曾文溪以南的台南及高雄二縣境內，就有這種巨厚的泥岩層。本島最著名的月世界地形景觀，位在高雄縣田寮附近的古亭、崇德兩村一帶。

　　月世界地形生成的原因和其他地形一樣具有獨特的故事。首先，必須在很久以前的地質時代裡，有很厚的一層泥質物堆積，然後再經過各種地質作用形成泥岩。以高雄一帶的月世界為例，泥岩層甚至厚達數千公尺，上面則覆有一層厚約2

「 土指是差異侵蝕的結果。雨滴從高處落下，將地面的軟弱堆積層或泥岩層逐漸侵蝕，最終形成如手指般的形狀，其頂部常有細小的礫石。」

↑ 刀狀脊。

↑ 台南二寮的月世界。

至10公尺的礫層。後來因為地殼變動，原本沈積在深處的岩層被抬升到海平面以上，而受到地表各種作用力的侵蝕。

　　泥岩由於顆粒細小，而且顆粒間的膠結十分疏鬆，因此沖蝕狀況十分嚴重。且泥岩的透水性也低，遇水立即變得十分軟滑，順坡下流，因此山坡表面上便充滿了蝕溝和雨溝。加上台灣西南部地區的降雨集中在六、七、八三個月裡，這三個月裡西南季風帶來的豪雨，以及熱帶低氣壓帶來的颱風雨，都有很大的降雨強度，更造成劇烈的雨滴沖蝕。月世界地區的山頂，僅少數有礫石覆蓋，其他大多數沒有覆蓋的地方，侵蝕的現象就格外明顯，形成刀刃狀的山峰。除此之外，還有一些洞穴和天然橋等小地形，也是經同樣的侵蝕過程形成的。

　　除了高雄、台南市境內之外，在海岸山脈的西側，台東縣的利吉到花蓮縣富里一帶，也有一條狹長的惡地地形分布區。

↑ 台東小黃山。

↑ 台南月世界。

雞冠山

　　雞冠山位於高雄市燕巢區金山國小附近，從名字就可以想像它特殊的外形。雞冠山又被稱為金山，海拔246公尺，是在低緩的丘陵地區中，凸然陡立的一座細長小山，縱長約500公尺。附近類似的山峰，斷斷續續向西南方延伸將近1.5公里。和周圍的丘陵相較，雞冠山凸起達120公尺之高，地形上的表現十分突異。

　　雞冠山特殊的外形，使它成為稀有而且深具美感的地形景觀。站在雞冠山的附近，就可以感受到它凸然拔起的雄偉氣勢。和環繞它的丘陵地之間的對比，更能令人心生讚歎。它的外形輪廓又令人聯想到雞冠，山形襯托在背後的藍天中，更給人一種鮮明的印象，一見難忘。

↓↗ 高雄燕巢雞冠山，橫看成嶺側成峰。橫看似雞冠，側看正似一箭衝天成峰。

福爾摩沙的故事 獨特的容顏—北台灣

　除此之外，更引人注目的是「橫看成嶺側成峰」的山形。順著山峰縱列的方向，看到的是一枝獨秀的衝天孤峰，筆直地矗立著；從橫的一方看，則又明明是一排並列的鋸齒狀山嶺，橫陳在眼前。

　這種特殊地形的形成，必然是受到特殊的地質因素控制著。雞冠山是由一層只有幾公尺厚的直立塊狀石灰岩構成。這一層石灰岩呈白色或混雜著淡黃、淡灰色，它的特性是十分地堅硬緻密，並且在周圍的粉砂岩中延伸了2公里左右。由於這些粉砂岩十分地鬆軟脆弱，經過風化及侵蝕作用之後，都被夷為低緩的丘陵，而耐蝕力強的石灰岩便被留下來，形成陡立的奇峰。

06

中橫東段的
河流地景

↑ 由立霧溪太魯閣峽谷口西望，高山峻嶺拔地而起。

Chapter 6-①

河流的地形作用

　　河谷彷彿是地球的血管，水流彷彿是血液。因此在人類生存的環境裡，河流具備了輸送養分的功能，也孕育著無數的生命。河流的雄壯、驚險，以及生生不息的運作，都有著「美」，是維護人類生活品質的一大要素。

　　河流主要的地形作用可分為三大類：侵蝕作用、搬運作用及堆積作用。其中，侵蝕作用和搬運作用，為破壞性質，可以切割地面並將風化岩屑搬運他去，使高地逐漸變成低地；在這種侵蝕、搬運過程中所產生的地形，稱為侵蝕類地形。而堆積作用則屬於建設性，可將別處搬來的物體，在適當的地方堆積下來，使低窪的地方逐漸變高；由這種作用產生的地形，稱為堆積類地形。

河流的侵蝕作用

河水因重力的影響而往低處流，在流動的過程中產生的動能會侵蝕河床及兩側岸壁，並且推動鬆散的沙石撞擊河床與岸壁，加速侵蝕的速度，這種作用稱為河流的「侵蝕作用」。雕塑地表的主要地質力量即為河流的侵蝕作用，這種切割作用揭露了地面下（地層中）埋藏的地球歷史。

河流侵蝕作用有三個方向：

1. 向下侵蝕，也可稱為加深作用；

2. 向側侵蝕，也可稱為加寬作用；

3. 向源侵蝕，也可稱為溯源侵蝕（加長河谷）。

在河流的發育過程中，又可分為幼年期、壯年期與老年期。其中，幼年期河流的加深作用較為顯著，壯年期河流則以加寬作用較為顯著。

← 溪流彎曲，一側為侵蝕、一側為堆積。圖為天祥溪畔堆積的現生河階。

河流的搬運作用

在水文循環中，河流扮演一個很重要的角色，它將陸地上的降水攜帶到海洋，在這個過程中，河流也同時從較高處搬運沙石到較低處。

河流搬運物質的方式有三種：

1. 可溶性物質溶解於水中後，被河水帶走，此類物質稱為「溶解質」；

2. 顆粒細小的黏土及細泥懸浮於水中，被流水帶往下游，此類物質稱為「懸移質」；

3. 河床中較大的卵石因重量較大，無法漂浮於水中，只能沿著河床由上游往向下游滾動或跳躍，此類物質稱為「推移質」。

當石塊被流水推動時，彼此間會磨擦、碰撞，經過長距離的搬運之後，逐漸地變圓、變小。因此觀察河床上卵石的圓度及粒徑，便可推測它是否經歷了長遠的旅行。

河流的五種平面型態

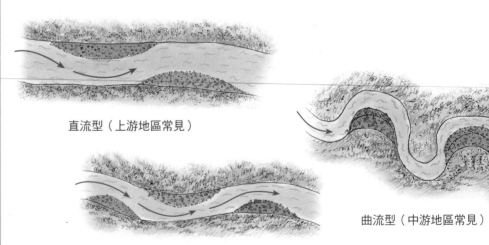

直流型（上游地區常見）

曲流型（中游地區常見）

彎流型（上、中游地區常見）

河流的堆積作用

當河水的搬運能量減弱，河水原本攜帶的物質不能再全部被運走，其中有一部分便會沈降在河床上，這種作用稱為「堆積作用」。

促使河流發生堆積作用的原因有三種：

1. 流速減緩；

2. 流量減少；

3. 搬運的物質增多。

↑ 長春祠旁河水淘挖山壁，屬於地形被切割的現象之一。

其中以流速減緩較常見，如流路中有外來的障礙物（山崩堆積物、結冰等）、河床坡度減緩，或由較狹的河谷流入較廣的河谷等，都會加速堆積作用的發生。

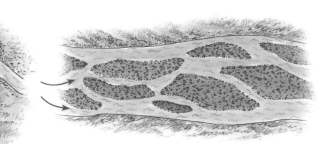

網流型（平原地區常見）

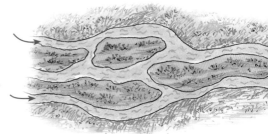

交織型（河口地區常見）

河流的循環作用

　　美國地形學家戴維斯（W. M.Davis）提出的河流循環概念，是在沒有其它影響因素的假設下完成的。但是由於地質構造、地殼變動和氣候狀況的複雜影響，因此實際上的地形循環演變，和推想的循環相差頗遠。

　　首先，他假設海面下有一塊面積廣大的平原，組成的岩石是硬度不同的沈積岩，地質構造十分單純，當這個廣大地塊還在海面下時，雨水和河流不能侵蝕它，但是當它因地殼變動而隆起、露出水面時，立即就會受到雨水和河流的侵蝕破壞。

　　假定這個廣大平原在迅速上升的過程中，沒有遭受到侵蝕，直到上升至海平面以上數百或數千公尺之後才停止，而為原始地面；一旦它停止上升，便開始遭受雨水的侵蝕，雨水順著斜坡流動，慢慢形成河流，稱為順坡河。當河流開始切割原始地面時，也就是河流循環的開始。一個循環從頭到尾，每一個階段都有不同的地形特徵，戴氏將它劃分為三個階段，即幼年期、壯年期和老年期。

幼年期

　　這一階段的地形特徵是河谷的橫切面呈Ｖ字形、沿河兩側無氾濫平原的發育、兩條河流之間的分水嶺寬廣平坦，而且相鄰河流間常發生襲奪現象。這個階段是使原來平坦的地面增加起伏或擴大起伏的時期。在幼年期快要結束時，地形特徵為山高谷深，地形極為崎嶇。

壯年期

　　壯年期開始之初，地形上仍舊是山高谷深的景象，後來河流開始進行加寬作用，河流兩側也開始有沖積平原的出現，崎嶇的地形慢慢減少起伏，山的高度也開始減低，出現圓緩的山丘與寬闊的河谷。

老年期

　　經過幼年期與壯年期的侵蝕之後，地面的坡度已非常緩和，整個地面覆蓋著厚層的岩屑，這些岩屑已經風化成為顆粒極細的黏土或粉土，河流蜿蜒在沖積平原之上。到了老年期的最後階段，隆起的原始面已被侵蝕到接近侵蝕基準面——海平面了，此時的地面略似平原，稱為準平原。

　　從幼年期到老年期的循環，常因外力的影響而改變，如海水面急遽上升或急遽下降，使侵蝕基準面改變，河流侵蝕與堆積的效果，也跟著急遽改變。如果在壯年期或老年期的地形上，再度出現幼年期地形的特徵，即稱為「回春作用」。老年期的河谷如果發生回春作用，常常形成谷中谷、河階或掘鑿曲流等特殊地形，台灣山區的河川常看到這類地形，顯示台灣島的地形曾經發生過回春作用。

戴維斯氏侵蝕循環圖

幼年期

原始地面

侵蝕基準面

壯年期

老年期

↑ 立霧溪的曲流侵蝕留下了環流丘。

Chapter 6-3

中橫公路的河谷地形

　　中部橫貫公路西起台中東勢，東迄花蓮太魯閣，全長189.5公里。如以大禹嶺為景觀分界點，西段部分從東勢東行經谷關、青山、達見、梨山至大禹嶺；中橫西段因有大甲溪環伺，河谷、縱谷、河階地形豐富，另外溫泉及農場也是此段著名風光。東段則自太魯閣至大禹嶺，以立霧溪峽谷景觀、太魯閣至天祥一帶的地理景觀聞名於世。

　　中橫公路與蘇花公路交會點的太魯閣，距花蓮市北方約25公里，是中部橫貫公路風景線的起始點。大禹嶺舊稱合歡埡口，是中橫公路東西兩段的分界點，也是

霧社支線的分岔點，當地海拔2,565公尺，是合歡山與畢祿山的鞍部。大禹嶺的合歡隧道，則是台中市與花蓮縣的界址。

　　大禹嶺到太魯閣約為78公里，這一段中部橫貫公路沿線的地區，都在台灣本島中央山脈以東，是板岩以及片岩分布的地區。全區屬立霧溪的集水區，由太魯閣到大禹嶺的立霧溪上游地區支流多，其中以北岸支流流路較長，包括陶塞溪、小瓦黑爾溪、瓦黑爾溪、荖西溪、砂卡礑溪，以及流路較短的慈恩溪、華綠溪、洛韶溪等。

　　立霧溪南岸的支流都很短小陡峻。立霧溪本溪以及各支流的河蝕作用則都很劇烈，下切作用極為發達，具有標準的峽谷地形。以天祥為界，以東稱為「內太魯閣峽」，以西稱為「外太魯閣峽」，內外峽的風景大異其趣。

立霧溪的地質特色

　　太魯閣到大禹嶺沿線出露的岩石，包括變質石灰岩（俗稱大理岩）、片麻岩、綠色片岩、黑色片岩、矽質片岩與板岩。其中變質石灰岩的分布，主要在岳王亭以東，也就是「內太魯閣峽」分布的地域，在此區內，大理岩的特殊抗侵蝕能力，造成聞名於世的大理岩峽谷。

　　岳王亭以西，河谷突然加寬，立霧溪的支流也加多，河谷的橫剖面由Ｕ字形變成Ｖ字形。這些地形景觀，無不與地質密切吻合。九曲洞東緣的「幽谷煙聲」是一個狹長的大理岩洞，順著岩石節理侵蝕擴大而成的。

　　片麻岩分布在白沙橋溪畔一帶，以白沙橋為界，西邊是片麻岩，東邊是大理岩，這兩種岩石的色澤與組織大不相同，在白沙橋裸露的河床上即清晰可見。岳王亭以西是片岩分布的地區，也就是「外太魯閣峽」的地域。板岩則分布在近大禹嶺的西側。

↑ 太魯閣綠水步道一景。

中橫公路東段景觀位置圖

公路
縣界
北

立霧溪的地形發育因素

　　太魯閣到天祥之間，地形景觀包括高山、千仞峽谷、開闊河谷、河階台地和瀑布等，在介紹這些景觀之前，應先對本區地形的發育有個概念。控制此區地形發育的主要因素為地殼運動、地質、氣候、坡度與時間。

　　立霧溪曾經歷三次顯著的地殼隆起運動，每次的地殼隆起，因為高度提高，都促使河流向下侵蝕作用加劇，快速地切深河床，將河床上的堆積礫層侵蝕搬運而去；在河流的轉彎處，外坡直接受到流水的攻擊，因此舊河床的堆積物很少能留下，但是在攻擊坡的對岸（地形學上稱為滑走坡），由於流水的侵蝕力量較小，因而常有舊河床堆積的殘留。

　　當河流繼續下切，殘留的舊河床相對提高，就形成了表面平坦的河階地；這種作用持續發生，也就造成了好幾層高度不同的河階地，一層河階地代表一次的河流強烈下切作用，因此理論上最高層的河階地，年代應該最老，現階段河床上的階地，年代應該是最新的。

花蓮縣

大禹嶺

慈恩溪

瓦黑爾溪

白楊

西寶

南投縣

畢祿山

迴頭彎

托博爾溪

華綠溪

　　地質因素對河谷型態的控制也相當明顯，太魯閣到綠水之間，除了白沙橋附近有一小段片麻岩外，其餘都是變質石灰岩。因為岩性堅硬，在河流不斷下切的過程中，發育成兩岸幾達垂直的大峽谷。綠水以西，主要為片岩區，岩性相對地較變質石灰岩軟弱，因而發育成較開闊的河谷，兩岸的坡度也較大峽谷為緩。

↓　天祥上方明顯可見的高位河階，其形成原因與目前天祥溪畔的現生河階類似，只是規模大小的不同。

河階

↑ 清水斷崖。

Chapter 6-④

中橫東段的特殊地景

　　太魯閣峽谷的錐麓斷崖一帶，在短短1公里的距離內，就已經拔高了1,666公尺；太魯閣北方的清水山（高2,407公尺）到清水斷崖之間，高度差將近2,400公尺，直線距離僅約4公里。我們在感歎美國大峽谷的雄偉時（寬4至10公里，深1,600公尺），不要忘了，台灣也有雄偉的景觀；在太魯閣峽谷不僅可以看到變化萬千的自然之美，甚至還可以見到數億年前生成的古老岩石。

清水斷崖

　　清水斷崖位於蘇花公路和平溪以南、清水山的
東側。依據《花蓮縣志》的記載，清水斷崖在北
迴鐵路和平站和崇德站之間，綿亙21公里左右。
民國42年，台灣省政府將它定名為清水斷崖，列
為台灣八景之一。

　　整個蘇花海岸是本島中央山脈與太平洋相交的
地方，也是花東斷層縱谷向北延伸經過的地方，
因此在地質構造上屬於斷層海岸。這一段海岸的
景觀十分不同，主要是由於片麻岩與大理岩（變
質石灰岩）出露，它們的岩性能維持陡峻的邊坡
而不致崩壞，因此海岸最為陡峭，逼近海岸的山峰有許多超過了1,000公尺，例如
和平附近的勇士山（1,227公尺）、和仁北方的飛田盤山（1,402公尺）、清水附
近的清水山（2,407公尺）以及崇德附近的立霧山（1,274公尺）。

　　從海岸到鄰近的山峰間，平均坡度在45度以上，緊鄰海岸的崖坡由於劇烈的波
蝕作用挖鑿坡腳，因此幾近垂直。

太魯閣國家公園裡的清水段斷崖是
蘇花海岸最陡峻的一段。

太魯閣峽谷口

　　立霧溪的集水面積廣達619.8平方公里，主流長
達55.5公里，發源於合歡山（3,416公尺）與奇萊
山北峰（3,605公尺）之間，向東流經崇山峻嶺、
斷崖深谷，在太魯閣峽谷口造成廣大的河口沖積
扇。沖積扇的扇面向海緩傾，包括富世村與崇德
村等地。

　　太魯閣峽谷口北接清水斷崖，南接花東縱谷西
側的崇山峻嶺，實際上它是花東斷層經過的地方。

太魯閣口。

長春祠

　　曲流是河流加寬作用的主要方式，彎曲的外側稱為攻擊坡，由於河水不斷地撞擊、淘挖坡腳，加上邊坡的落石作用，使得邊坡呈平行後退。大理岩的岩性強硬，也有助於支持壁立的邊坡。長春祠正巧位於立霧溪曲流發展的位置上，民國69年豪雨後的大片落石，堆積坡腳，更表現了進行中的邊坡發育過程。

　　曲流的內側，又稱堆積坡或滑走坡，盛行堆積作用，則是形成河階的一種過程。立霧溪兩岸的平緩坡地，大多是河階地。長春祠附近還有湧泉自岩壁流出，也可見到石灰岩洞中正在成長的鐘乳石。

↑　長春祠。

燕子口

　　大理岩又稱變質石灰岩，由於岩性強硬，不具發達的節理面，因此能夠支持高大壁立的邊坡。立霧溪的強大向下侵蝕力量配合著大理岩的特性，造成偉大的峽谷。燕子口附近河流的下切作用盛行，邊坡的後退作用遲緩，因此谷深遠大於谷寬。

　　岩壁上可見大理岩的層狀構造，沿著層面則有一個個橢圓形的洞穴，它們的形狀明顯地受到層面方向的控制。這些洞穴以往大多是地下水流路的出口，或許也與溶蝕、磨蝕等壺穴的發育作用有關。

　　有些洞穴中有卵石堆積，顯示河流的水位曾經高達洞穴。高水位可能與洪水有關，也可能是河流下切作用前期的地形證據。

← 燕子口
岩壁上的洞穴大多是地下水流路的出口。

福磯、錐麓大斷崖

　　立霧溪北岸、燕子口與慈母橋以北的大斷崖上方，是三角錐山向西南伸出的稜線；在流芳橋正北方約1公里的距離內，拔升達1,666公尺。

　　立霧溪切斷了這條稜線，因此造成太魯閣峽谷內最壯偉的斷崖景觀。斷崖岩壁上的花紋，呈現各種彎曲的線形，證明大理岩曾經深埋地下，並經過塑性的流褶皺作用。

　　河流的劇烈下切作用、穩定的陡立邊坡，反映著急速隆起的造山運動，以及特殊的岩性。

九曲洞

　　這裡仍舊是立霧溪切斷三角錐山向西南延伸的稜線部分，由於彎曲的河道、峽谷，使得公路曲折，故而隧道眾多。

　　最美的景觀應當是深窄壁立的峽谷，與大理岩壁上美麗的條狀花紋。暴雨之後，兩岸岩壁上會懸掛著成列的瀑布。

合流（慈母橋）

　　三角錐山向西南延伸的稜線夾在荖西溪與立霧溪之間。兩溪相會的合流附近，露出大理岩與黑色片岩的互層；黑色片岩裡並夾著白色的石英脈。這些石英脈受到褶皺作用後，被拉

↑　九曲洞附近的峽谷。

↑ 慈母橋。

長、拉斷、扭曲，因此造成了許多扭曲的條紋，偶爾還可見到小粒的水晶閃著光芒。合流的名勝是慈母橋，橋北巨石阻河，您可見過這般大的巨石？

↑ 慈母橋下巨石累累。

合流西方、岳王亭附近是大理岩區與片岩區的分界。進入片岩區後，由於片理（片岩裡的片狀構造）發達，岩石邊坡容易崩壞後退，因此山谷的寬度與深度比較接近，呈V字形，而不同於大理岩區的U字形，反映了岩性對地形的控制。

天祥

天祥位於陶塞溪與立霧溪的交會點附近。這裡出現多層的河階地形，每一層河階的表面都成為聚落的集中地。河階的證據包括平坦的地形與卵石構成的土壤、地基。這些證據指出了過去古老的河床位置。

天祥以上，西寶附近更是古老河床分布的地區，公路邊坡露出的礫層就是最直接的證據。河階地是立霧溪兩岸主要的農業用地以及建築用地。

崇山之間，位於河階地的天祥成為中繼站。

迴頭灣與蓮花池

迴頭灣的北方，陶塞溪與小瓦黑爾溪會合，交會點上方出現「角階地形」。外形上它是一個角狀的平坦面，如果從攀登蓮花池的山徑上回頭望，可以清楚地看出它的輪廓。這種角階地形代表著古老的河床面，由沙礫堆積而成，如今已經高懸河谷之上，落差達500公尺以上。蓮花池是一個山頂盆地，內有水池，四周坡度緩和，是一個果園地，也有竹林。

↑ 從迴頭灣抬頭仰望，高起500公尺的山脊上是河階遺跡。

合歡山

位於花蓮、南投兩縣交界處，梨山風景區之東，並處於中部橫貫公路霧社—大禹嶺支線的中間；屬中央山脈主嶺線上的高峰，也是台灣唯一的滑雪和雪地遊樂區，平均海拔3,400公尺以上。

本區北有碧綠溪與西邊的合歡溪匯流合成大甲溪，西南的瑞岩溪與合水溪會合成大肚溪，東面是塔次基里溪流入立霧溪，而濁水溪也發源於合歡山主峰與東峰間，集合歡山南麓之水向西南流經廬山附近注入萬大水庫。本區主要植物為冷杉純林及高山杜鵑、箭竹、石楠；動物有烏鴉、昆蟲、爬蟲類等。

白楊瀑布

天祥西方，經過一個長隧道，步行約20分鐘後，可以見到高懸崖壁之上的白楊瀑布，也可以享受到峽谷急湍、水簾洞湧泉等特殊景觀。白楊瀑布落差大而且兩岸山形雄偉，是目前較易抵達的一個高品質景觀據點。可是好險！立霧溪發電計畫差一點截去了它的源頭。

→ 白楊瀑布。

金門的花崗岩
地景

↑ 黑色的煌斑岩侵入花崗岩，形成岩脈。

中國東南沿海的板塊運動

　　中生代三疊紀晚期（約兩億年前）以來，南嶺褶皺帶先後經歷了印支造山運動、燕山構造運動以及喜馬拉雅構造運動。從板塊構造學說的觀點來看，中國大陸東南沿海是一個中生代的板塊俯衝帶（地球表面板塊向地下深處陷入的地帶），這個地殼運動延續至今，使得此地自成一個地震頻繁的地帶。

燕山構造運動期

在距今兩億到一億年前的燕山構造運動期中，本地區的斷層活動十分強烈，同時也有廣泛的岩漿活動；相對地，褶皺運動就較為微弱。這在武夷山以東最為明顯，它造成廣泛分布在今日中國東南沿海，上侏羅至下白堊紀（約一億五千萬年前）的火山岩系。特別是在燕山構造運動的中、晚期，斷層（如長樂－廈門斷層）不僅控制了火山噴發和花崗岩侵入，也控制了白堊紀陸相盆地（發育在大陸地塊上的沈積盆地，一般是湖泊的環境）的發育。此時的火山岩是由陸相的中酸性熔岩、酸性熔岩、火山碎屑岩、凝灰質沈積岩等所組成。而花崗岩的侵入活動，初期十分激烈，但在晚期轉弱，並且移往東部沿海一帶。

喜馬拉雅構造運動期

根據羅清華等（1992）的研究，幾乎就在燕山運動結束的時刻，也就是在距今8,000萬至1億年之間，構成金門本島基磐的花崗岩與花崗片麻岩，正在距離地面28至30公里的深處形成，隨後並逐漸地冷卻、抬升。早期抬升速率為每年0.27公分，晚期速率則降為每年0.027公分。

此一在地殼深處生成、變質的岩體，其快速冷卻及抬升，與喜馬拉雅構造運動期間的區域板塊構造運動，以及花崗岩的入侵，有著密不可分的關係。區域板塊運動和花崗岩的入侵，也是一億年來喜馬拉雅構造運動期間，金門附近的地體行為。

太武山的花崗岩地形，林地下岩石出露。

採石場裡待價而沽的花崗石。

金門島的地質史

　　金門可以說是在燕山運動隆起、喜馬拉雅運動上升之中發育出來的丘陵。更新世以來，此一運動所造成的強烈張力裂隙，更引來玄武岩流，穿透金門的基磐和第四紀的沈積岩層，而流出地表。

回春作用

　　在金門本島中央偏西的廣大紅土台地與沖積平原下，埋著一個由花崗片麻岩基磐構成，大致呈東南－西北走向的窪陷凹槽，據推測這是古代九龍江河道的遺跡。依據核研所的鑽井資料，古河道最深處離地表約有170多公尺。凹槽表面是花崗片麻岩基磐的古代侵蝕殘餘面，相當崎嶇，且最低點和金門島現今的最高點，相差在400公尺左右。

　　第四紀晚期（距今約5萬至2萬年前）以來的海平面，曾經下降到今日海平面以下一、兩百公尺。當侵蝕基準面大幅下降時，河口附近的地形快速回春，不但促使地形作用快速移除地表早期堆積的風化岩屑，河川也可下蝕觸及基磐岩體。

　　根據近十萬年來中國東部海平面變化（王靖泰等，1980）及金門基磐岩石的平均抬升速率（羅清華等，1992）等資料推測，金門的地形擁有三次回

> **回春作用**
>
> 陸地上升或是海水面下降都造成侵蝕基準面下降，河水向下切割的力量加強，彷彿又變得年輕一般，稱為回春作用。

古九龍江河道位置推測（陳培源, 1965）

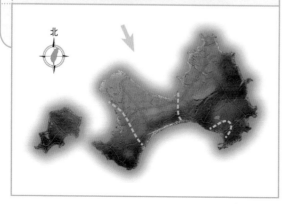

↑　花崗岩採石場一景。

春的紀錄。第一次回春大約在距今6至4萬年前，海面降至今日海面以下80公尺。
第二次回春發生在距今3萬年前後，海面下降至今天海面以下40公尺，持續時間大
約只有4,000年。最近的一次，也是規模最大的一次，則發生在距今2萬5千年至1
萬年前，海面下降至今天海面以下140公尺。

　　如果近期基磐岩石的平均抬升速率沒有大幅的變化，那麼，上述的回春作用深
度，除了最近的一次外，都遠不及現今金門花崗片麻岩基磐的最深位置（170多公
尺）。因此我們可以推定，金門古河道上出現的沈積物，最早的堆積時間當在距
今6萬年之前的另一次大冰期，也就是沃姆（Wurm）冰期。而且，也只有在如此長
的期間，才可能容許三次學者推測的紅土化時期（陳培源，1984）。

紅土化

　　在沃姆冰期開始之前的暖期，應該就是金門古九龍江河床侵蝕殘餘面上，花崗
片麻岩基磐紅土化的時期。該次暖期所形成的紅土，是基磐花崗片麻岩就地風化
所形成的殘積型紅土，其中含有較少的高嶺土類黏土、較多的黑雲母類黏土，一
如今天在金門地表花崗片麻岩低緩坡地上所見到的類型。該殘積型紅土隨後被河
流堆積物所覆蓋，而成為化石土壤。此後，隨著脫離沃姆冰期，海面回升，古九
龍江在切出的金門基磐凹槽中，堆積來自中國岩源區風化侵蝕作用所產生的沈積

↑ 紅山北方的紅土台地海岸沒有花崗岩出露，卻常見表面滿布孔洞「貓江石」。

↑ 貓江石是紅土層裡氧化鐵富集的地方，在土壤發育的過程中，化育出黏土和氧化鐵富集帶的混合岩體。

物。

　　鑽探資料顯示，金門花崗片麻岩的古代侵蝕殘餘面之上，由下而上，依序堆積有下段金門層、上段金門層和紅土層。其中除了下段金門層有紅土化作用外，在上段金門層的主要黏土層之下，沙礫層和砂岩也有局部呈褐黃色或淡紅色者，它的高度近乎今天金門濱線的位置。這個並不強烈的紅土化時期，應是沃姆冰期中的短暫暖期。

　　距今2萬5千年至3萬年前後，當海水回升到上個暖期位置時（在今天金門濱線以上二十餘公尺），古九龍江在金門層上所堆積的含礫沙質黏土與含礫泥質砂岩，因為長期的紅土化作用，致使此一紅土層的規模厚達數公尺到十餘公尺，並且使得在它之下的金門層白色頂部也受到氧化鐵的沾染，而轉為淡紅色或染紅斑。此處連帶被紅土化的砂岩層面間，常有小管狀、球狀或餅狀褐鐵礦質結核，被稱為「吳須土」。

　　大約在6,000年前，海平面已經上升到今天的高度，使得陸地反而呈現相對下沈的現象，也是造成中國東南沿海一帶呈現谷灣地形的主要原因。爾後，海平面的微幅擾動和金門本身的抬升，造成了老與新的沖積層和濱海沼澤。

　　有趣的是，沃姆冰期中的短暫暖期，海水面高度維持在今天金門濱線位置附近

相當長的一段時間，從而在花崗片麻岩出露的岩岸地帶，切出了規模不小的海濱平台。這些海濱平台上堆積了西堡泥煤層。

這些水下海濱平台，在最近六千年來海水面回穩之後，因為金門島的緩慢上升，而逐漸地接近水面。它們所創造出的濱海沼澤，或淡或鹹，為本地生物及往來候鳥提供了豐富的糧食和棲地。也有些覆蓋著薄層海泥的平台灘塗地，如今成了良好的沿海養殖場所。

> **濱線**
>
> 陸地和海水相接的地方。

> **紅土化**
>
> 熱帶及亞熱帶高溫多雨地區，土壤的淋溶作用強烈，可溶性的組成流失後，氧化鐵集中，使土壤呈現紅色，稱為紅土化。

冰期過後，金門島厚層、多腐殖質的土壤，成了提供植物水分的含水層，好比一個地下大水庫。植物透過自我調適，逐漸發展出適應副熱帶季風氣候的角質厚、耐旱物種；森林也逐漸穩定下來，著根於厚實的土壤中，終於演化成金門現今獨特的生態環境（陳明義等，1992）。

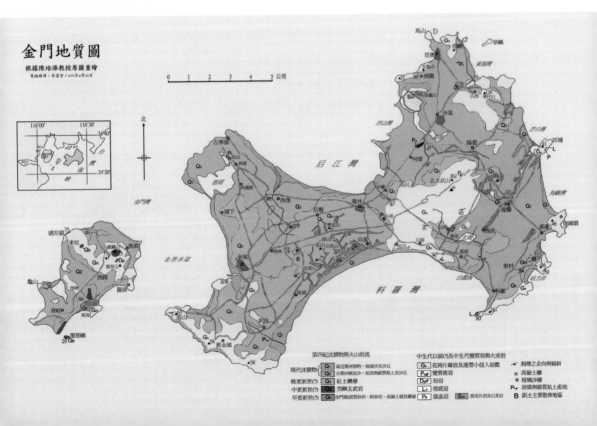

金門地質圖
根據陳培源教授原圖重繪
電腦繪圖：吳愛智／2005年8月25日

花崗岩與皂土

花崗岩由長石、石英及雲母等礦物組成，這些礦物因邊界凹凸不平而和鄰近的礦物嵌合在一起，緊密銜接，形成堅硬的岩體，因此具有質地緻密、不透水等性質。即便在岩體崩散之後，風化程度輕微的巨大花崗岩塊，仍然保有這些特質。

花崗岩和玄武岩同為火成岩，但是生成環境極不相同。玄武岩形成於地表附近，花崗岩則形成於地殼深處約20公里以下，因此兩者的礦物顆粒大小和礦物組成都不相同。花崗岩的礦物顆粒較粗，用肉眼即可辨識，使得花崗岩在出露地表後，產生了富有特色的地形景觀。

當岩漿逐漸上升後，花崗岩岩漿會逐漸降溫、固結；並且經歷緩慢的解壓過程。岩體解壓使得岩石在原本依賴壓力來嵌合的礦物結晶界面上，逐漸發育出裂隙。裂隙延伸的方向垂直於解壓方向，也就是平行於地形表面。而且，愈近地表，裂隙就越密集。在金門本島料羅附近花崗岩採石場開挖出來的崖面上，就可看到這種平行於地面的解壓裂隙，又稱為解壓節理（天然破裂面）。

球狀風化示意圖

↑ 球狀風化。

　　解壓裂隙及板塊運動造成的壓力與張力裂隙，一起構成岩體中的節理網格。這些節理將岩體割裂，使水分易於入滲、上湧、側移，增加了岩石與水、空氣的接觸面積，為岩石提供了有利的化學風化環境。接近地表的花崗岩一旦接觸到空氣和水，其中的長石和雲母會逐漸風化成為黏土，而石英則散成顆粒狀。

　　堆積在地表的風化產物，一般稱為風化岩屑。而那些就地風化得十分完全，且未被地形作用移動位置的風化岩屑，就被稱為皂土（常見於小金門）。花崗岩完全風化之後的皂土，即由石英和黏土組合而成。

　　節理是岩體和水、空氣的接觸面，因此風化速率快。特別是花崗岩的岩體中，常有兩組以上的節理將岩體割裂成大小不等的岩塊。加上兩組節理相交的位置最利於風化，因此隨著時間，被節理分割的岩塊便會愈來愈圓滑。

　　經過長期的風化，被節理分割的花崗岩塊常會出現同心圓狀的風化現象，稱為球狀風化。而在侵蝕作用不顯著，或者堆積作用旺盛的花崗岩地區，地表首先是黏土層，向下則分布著被皂土包圍的圓礫，然後是角礫，最後是未受明顯風化的花崗岩岩體，交界面十分明顯。

　　地表的風化岩屑被剝蝕，而露出造型圓滑的花崗岩塊，這些巨礫構成的地形就稱為石蛋地形。

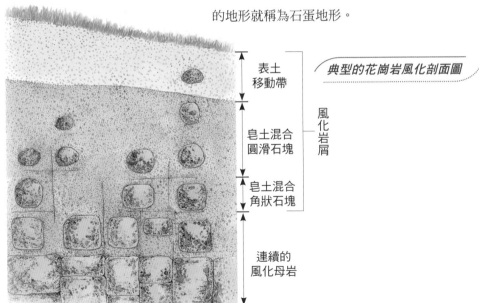

表土
移動帶

皂土混合
圓滑石塊

皂土混合
角狀石塊

連續的
風化母岩

風化岩屑

典型的花崗岩風化剖面圖

花崗岩地區的三種地形演化模式

塔山

Linton（1955）的模式顯示，塔山是花崗岩經過深層風化，風化產物（皂土）完全被剝蝕之後，所形成的丘陵地形景觀。

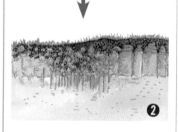

①

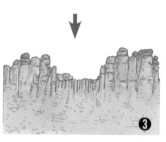

②

③

島山

Ollier（1960）所提出的模式認為，島山是花崗岩經過深層風化之後，皂土被新的侵蝕地形面切入，在沒有完全被剝蝕之下所出露的花崗岩山丘。

①

②

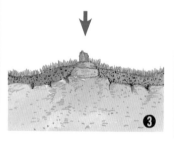

③

島山

Thomas（1965）的模式和Ollier的類似，但是他認為皂土底部的風化鋒面會隨著地面的剝蝕而下移，從而造就出高度大於原本風化深度的島山。

①

②

③

※ 在這三種模式中，不均質的花崗岩岩體是其共同假設。

↑ 紅土層的底部偶見波浪侵蝕形成的海蝕凹壁。

Chapter 7- 4

金門的地質

　　金門地形發育所依附的地質材料，不論是基磐岩石、風化岩屑（土壤）或是風化岩屑重新堆積形成的沈積岩類，都與花崗岩有關。

　　金門的花崗片麻岩以黑雲母花崗片麻岩為主。鑽探資料顯示（陳培源，1961），獅山、太武山一線花崗片麻岩丘陵的兩側，各有一個平行於背脊的凹槽。其中，東南側的凹槽較寬，並由東北向西南傾斜，使得基岩最深凹的料羅灣附近，堆積了厚達60公尺以上的沈積層。厚層的沈積物中所包含的許多黏土，正是料羅、新頭一帶的瓷土礦源。反之，東南側凹槽的東北部分則較為淺平，沈積物中包含較多的石英沙。西北側的凹槽中，沈積物也包含較多的石英沙。

　　在廣泛分布紅土層的西半島，花崗片麻岩基磐也大約呈現一個大窪地。只有在它西南邊的古崗、水頭一線，可以看到構成低丘的花崗片麻岩出露。其餘十餘平方公里的面積上，則覆蓋著厚達60公尺以上的淺海沈積層，這些沈積層都沒有完全固結，其中含有泥煤。

　　依照陳培源（1984）的地質研究，金門的地層由新而老（由上而下）可分為六層。

1. 現代沈積層

它覆蓋在紅土層之上，或由風積而成，或由河積而成，厚度並不固定；分布既不廣泛，也不連續。其中較重要的部分是近期陸地上升所造成的海埔新生地及附近的濕地，以及

在過去300年間形成的沙丘。它們的安定性對金門的地景生態，乃至於未來產業的發展，具有顯著影響。

2. 泥煤層

在現代沈積層的底部，離地面約2、3公尺，有含泥煤的沼澤沈積物。這表示下層的紅土層在經歷了紅土化時期之後，有一段較寒冷而適於造煤的氣候。紅土化時期之後，金門島基磐可能有微量隆起，使得島四周隆起的海底低窪部分，成為沼澤，繁生了水草或類似植物，造成泥煤材料，其後經現代沖積層（包括沖積紅土）及沙丘等將它掩埋，於是造成西堡、小徑等含有泥煤與炭質黏土的沼澤沈積。

3. 柳會社玄武岩

紅土層和現代沈積層之間，局部地區有侵蝕殘餘的玄武岩岩流，它的噴發時間和紅土層的紅土化時期接近，稱為柳會社玄武岩。在金門紅土層中，有玄武岩轉變成的鋁石碎塊。在烈嶼（小金門）南塘附近海拔68公尺的小山上，有厚達15公尺的層狀多氣孔橄欖石質玄武岩，疊置在輕微紅土化的風化花崗片麻岩之上。烈嶼大山頂、亂石山等海拔180公尺的山頂，都有玄武岩巨礫散布。金門本島雙乳山附近的低丘也有玄武熔岩殘體，覆蓋在更新世地層之上。

4. 紅土層

金門的紅土多為移積型紅土，由含礫沙質黏土或含礫泥質砂岩構成，並且和它下面的金門層呈假整合（層狀構造呈平行排列）接觸。紅土層的底部平坦，平均高度在海拔18至30公尺（本島中央部分），向南、北微量傾斜。

紅土層的厚度多在數公尺至十餘公尺之間，有些露頭厚達15公尺以上，有些地區則根本無此地層，而是由現代沈積層（如海沙）直接覆蓋在金門層之上。離紅土層頂部表面十餘至數十公分處，有一層褐鐵礦構成的硬質鐵磐，部分有如吳須土。

5. 金門層

金門層上面被紅土層覆蓋，下面則不整合在花崗岩岩磐之上。它是一系列主要由白色半固結之黏土質（高嶺土質）砂岩、高嶺土質黏土層和潔淨之沙礫層等，交錯疊置而成的岩層。

金門層一般又分為上、下兩段。上段金門層又稱白色黏土及沙礫岩段；下段金門層包括有基底沙礫層（金門層底部的沙礫層）與黏土，非整合（金門層的層狀構造與花崗岩界面不呈平行排列）於花崗片麻岩之上，為基磐風化之化石土壤（原為土壤，目前已石化）與其換質產物，以及經由水洗而未經搬運、淘選的沈積物所共同構成，最厚之處約十餘公尺。基底雲母質泥沙之頂部，有紅土化現象。

6. 花崗片麻岩基磐

除了局部被已風化沖積層所圍繞的高地邊緣及海濱的沙灘之外，本島基磐都是花崗片麻岩，約佔總面積的一半。中生代形成的花崗片麻岩及其火成岩脈，主要分布在島東、東岸沿海低丘和西南沿海低丘。它們大多結晶大；片麻狀構造走向多為東北東，傾向多為東南。其中組成礦物以石英、黑雲母、正長石、少許微斜長石、條紋長石與酸性斜長石為主。

金門地形分區圖

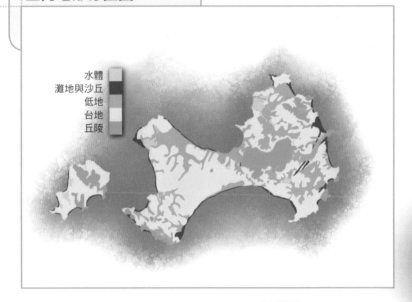

水體
灘地與沙丘
低地
台地
丘陵

北

烈 嶼

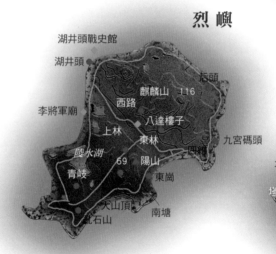

湖井頭戰史館
湖井頭
后頭
麒麟山 116
西路
李將軍廟
八達樓子
上林
東林
九宮碼頭
陵水湖 69 陽山 四維
青岐
東崗
大山頂
南塘
亂石山

古寧頭
南山
振威
慈湖
浯江溪口
水頭碼頭
水頭
塔山 63
黃氏酉堂別業
金門酒廠
文台寶塔

大小金門地圖

馬山觀測站

馬山　青嶼

西園

獅山

山后

寨子山

金沙水庫

李宅

美人山

沙美

陳健古墓

金門島

陳禎古墓

浦海

陳禎恩榮坊

田埔

陽宅

高坑

太武山　253

海印寺

西堡

瓊林

榕園

邱良功墓園

八二三戰史館

國家公園遊客中心

山外

山頭堡

小徑

花崗石醫院

太湖

乳山　70

新市

頂堡

尚義機場

新頭

羅

厝

灣

料

料羅

→ 花崗岩雕成的風獅爺。

Chapter 7-⑤

金門的地形景觀

考古資料顯示，金門早在6,300年前就有人類移居。在隨後的歷史記錄中，金門有限的腹地曾收容大量的大陸移民，他們或由於中原政治不安，或由於東南沿海地狹人稠所引起的營生壓力而移居金門。

移民的生活方式，自然會影響到金門的地景。根據《金門縣志》引述的史料，不論是早先唐朝官方引進的畜牧（牧馬），或者後來移民的農、漁活動，都以伐除林地的活動為先導。早先森林密布的金門島，在一波波的移民改造之下，遭到極大的破壞。其中最為嚴重的一次，要算是明末鄭氏為造戰船而進行的伐林。此後金門每遇冬季便風沙滾滾。幾百年來，風蝕與風積作用，在金門島東部形成許多東北－西南向的縱沙丘。現今零星分布的老樹，多因區位不佳或風水習俗的要求，才有部分林地或獨立樹被保存下來。

人為的干擾，使得金門森林伐盡、沼澤消失、土壤剝蝕，生態與微氣候大為改觀，不再是原始的風貌。雖有人工湖泊、人造林等，試圖改善自然環境，但是在人文條件的限制和自然演化的不可恢復性之下，要想恢復金門舊觀，幾無可能。

儘管如此，仔細考量金門地景演化的動力和地景生態的結構與限制，仍然可以為金門的永續發展，規劃出一個較為穩定、豐富，並且

↑ 被保存完整的閩南式聚落民居。

適合當地人文條件的地景系統。

　　今天的金門縣轄有12個大小島嶼，總面積約150平方公里，所有大、小島嶼都位在中國福建省東南沿海的廈門灣內。金門島西北的古寧頭，距離廈門島的何厝只有8公里，其間的海水深度大多不超過10公尺（賴典章等，1990），但是它和台灣本島之間卻隔著227公里的台灣海峽。

　　金門地區最重要的島嶼是金門本島和烈嶼，後者又名小金門。小型島嶼的組合是金門的特點；低矮的台地，以及略微凸出於台地之上的丘陵則是地形主體；四周是曲折但起伏不大的海岸。由於降水具有明顯的季節，加上島上溪流缺乏基流量，使得台地面上分布著乾涸的溪溝，其中有一些是歷史上人類活動的產物。

　　金門的地形可區分為丘陵地、台地、低地及窪地、水體（水庫、埤塘）、沙灘與沙丘。

↓ 古寧頭戰役留下彈孔
密布的古洋樓。

↑ 八二三戰史館旁的丘陵地原是童山濯濯的古沙丘，在軍民協力之下，目前已是一片綠意盎然。

丘陵地形

　　金門的丘陵地形明顯與花崗片麻岩的出露有關，花崗片麻岩頗具特色的風化地形景觀，在金門地區多處可見。此外，在烈嶼將軍堡附近人工開挖的崖面上，可看見花崗岩深層風化的剖面，但是這種剖面，都不曾出現在翟山、田浦以及料羅附近的花崗片麻岩採石場。

　　研究顯示，過去河、海堆積物所形成的金門層以及上覆的紅土層，曾經遮蓋了今天金門大部分的地區。隨後，地形作用將部分地區的紅土層，乃至於金門層剝蝕而去，使零星的花崗岩島山或塔山出現在紅土台地上，類似於Thomas提出的島山發育模式。

　　花崗片麻岩山嶺多為凸形崖面，崖面向下延伸的陡坡與其坡腳台地或沖積層之間，有時候會出現花崗片麻岩亂石堆所構成的崖堆坡。儘管林地修飾了崎嶇的地

形表面，我們仍然可以沿著谷地發現裸露的凸形崖面，它們是風化、雨蝕作用在堅硬、塊狀的花崗岩上所塑造出來的典型坡形。

金門的丘陵主要分布在五個地方：

太武山

太武山地區是金門海拔最高、面積最廣的丘陵地區。它的稜線和谷地的走向都呈東北－西南，與片麻岩理走向大約一致。沿著山區步道，可以看見許多崩壞的巨石，以及沿著岩石裂隙發育的植物根系。

美人山

金門本島東北的美人山一帶，是一群西北－東南向的花崗片麻岩丘陵，但區內仍充滿東北－西南向的蝕谷。從馬山到山后，穿越寨子山和美人山之間的谷地時，可以看見花崗片麻岩崖面已經後退至山嶺附近，它的下邊坡已經被崖堆坡所置換。

翟山到塔山

金門本島西南翟山到塔山的丘陵面積不大，但卻是太武山區之外，丘陵地形最出色的地區。主要是因為它們逼臨海、湖，組成了豐富多變的景觀。和美人山一帶的丘陵比較，此區有更明顯的西北－東南向排列，其中東北－西南向的蝕谷也很發達。有趣的是，舊金城正好被這些丘陵所包圍，它居處的紅土台地面受到四周花崗片麻岩的保護，因而未受到嚴重的剝蝕。

九宮到湖井頭

烈嶼九宮到湖井頭之間的丘陵，主要是由花崗片麻岩構成，但是麒麟山等山嶺附近，有許多被第四紀玄武岩質的岩流所覆蓋。玄武岩質的岩流出現在烈嶼的，遠盛於金門本島。九宮、湖井頭之間的丘陵，在空間排列上，似乎與本島翟山到塔山的丘陵連成一氣。但是九宮碼頭到本島的水頭碼頭之間，卻有一段水深較大的金門水道，割裂了這段花崗片麻岩丘陵的聯繫。

↑ 尚義海岸一帶布滿蝕溝的紅土台地邊坡。

東崗到上林

　　烈嶼東崗到上林之間的丘陵，大致平行於北側的丘陵。丘陵以U字形包圍南塘，使後者狀似盆地。這一帶出露大量的玄武岩，位置的易達性也高，是當地戶外教學的好地點。

台地地形

　　如果將金門和烈嶼所有的制高點加以對比，我們會發現這些最高點的海拔高度，多集中在50及30公尺附近，而且花崗岩地區的台地高度，要比紅土層地區的台地高度為高。

　　以紅土層為主構成的台地，主要出現在金門本島的西半部；而花崗片麻岩構成的台地，主要分布在紅土層被侵蝕較為嚴重的金門本島東半部。除了本島舊金城所在的台地之外，台地本身並無突出的景觀價值，但是這些被地形作用切割的台地，在切割處所留下的許多地質景觀露頭，卻是地質、地形教學與研究的好材料。

　　紅土台地剖面以金門本島西北岸（例如古寧頭海岸）、南岸、中央地區的蝕溝及烈嶼北岸最為突出。台地切割出露金門層的部分，則以尚義機場附近最容易觀察到。

　　紅土台地的分布和花崗片麻岩丘陵的分布，形成反對稱。花崗片麻岩丘陵較多、較完整的金門本島東半部地區，卻是紅土台地被切割得較為嚴重、分布較少的地區。究其原因有二：一是本島西部早先的環境就有利於大規模、厚層的紅土生成；二是本島東部的丘陵環境，因起伏較大，提供了較強的逕流侵蝕，於是堅硬的花崗片麻岩丘陵四周的紅土層，便受到較為嚴重的剝蝕。

　　紅土台地土質堅硬，因此我們可以在蝕溝四周，發現高達10公尺以上的壁立崖面。從土層剖面也可以觀察到，金門最為普遍的木麻黃，其根系穿透紅土層的情況並不佳。根系既然不深入土層，地面水的滲透效果就受到了限制，於是雨水容

↓ 台地區的金門國家公園雙鯉湖遊客中心，有半在水面下的玻璃窗，是賞鳥、賞魚及觀察水生植物的絕佳地點。

易在地面形成逕流，侵蝕紅土台地表面。植被不良的局部地區，甚至形成了蝕溝發達的惡地。

　　金門地區由花崗片麻岩構成的台地面，分布並不多。花崗片麻岩台地和花崗片麻岩丘陵一樣，在逼臨海濱時，可以呈現出地質構造和風化剖面來。自然生成的良好地質景觀露頭，在金門地區並不多見，它們多半出現在海岸，以及一小部分的蝕溝邊坡上。人為開挖的工程基地及海岸的採石場，則經常出露從土壤到基磐的連續剖面，值得將它改善成為戶外環境教學地點。

低地、窪地

　　金門的低地，以及山谷、蝕溝所構成的窪地，分布很廣，但不特殊。在景觀及環境教育上較有價值的，是太武山丘陵內的山谷部分，以及中央公路附近紀念林南、北邊出現的蝕溝；後者的成因與第四紀以來的環境變遷有密切關係。

水體

　　金門的氣候受到中國東南陸地和沿岸流（寒流）的影響很深，冬季乾冷、春季多霧。夏季雖有西南氣流和颱風帶來較多的雨水，卻因強烈的蒸發，以及島嶼蓄水能力不佳，而常常處於缺水的窘境，這是金門地區旱作較為盛行的主因。在金門，陸上水體多為人工開發，對環境生態有極大貢獻。它們不但負責供水，提高了此地的環境負載力，而且也為生物提供良好的棲息和覓食地點，從而豐富了景觀生態。這些水體和四周的丘陵或林地，更構成良好的賞景場所。

沙灘、沙丘與海岸

　　沙灘與沙丘是金門重要的地形景觀。沙灘的重要性在於觀光，但是在金門，海岸規模夠大而且可作為觀光開發的沙灘就只有料羅灣一帶。其它如金門西南海岸、東南海岸、烈嶼東崗北邊的海岸，雖然也有發育良好的沙灘，但受限於規模以及進出的交通條件，發展條件都不及料羅灣。

　　沙丘主要分布在榕園東北邊直到海岸的部分，面積並不廣大，但是和古厝「慰廬」配合，非常具有環境教育的價值。

↓　「慰廬」是沙土掩埋之下重新出土的古建築，見證了金門的滄桑故事。

↑→ 小金門西海岸可見片段的沙灘，其間或夾雜著花崗岩石塊；退潮時則露出石礫散布的廣闊礫灘。

在那些逼臨海濱的花崗片麻岩丘陵地，例如金門本島東北至東南邊、西南邊，及烈嶼的東北至東南邊，波浪侵蝕出來局部的崖面與平台，因而露出花崗片麻岩被岩脈侵入的景象，這些天然的地質露頭和海岸地形景觀，是花崗岩地區良好的戶外教學場所。

整體來看，金門的地形景觀相對於對岸的中國大陸沿海，並不突出。這是因為它的起伏小，花崗岩海岸規模不大所致；加上地形作用較為劇烈的海岸地帶，卻有大部分被單調的沙灘和泥灘所佔據；且海濱後方又缺少起伏高大、變化多樣的崖面和海蝕地形。

然而，單就金門本身而言，海岸及其鄰近的濕地，仍是地形景觀較為豐富多變的地區。

岩石種類

	形成的方式	主要岩石種類分類
火成岩	地底下的岩漿或熔岩流，噴發出地表或在地下冷卻和凝固後，所形成的一種岩石。	流紋岩、安山岩、玄武岩、輝綠岩、輝長岩、閃長岩、花崗岩
沉積岩	岩石碎屑或動物遺骸所形成的沉積物，經過膠結與深埋作用而形成的岩石。	頁岩、砂岩、礫岩
變質岩	岩石因為深埋地下因壓力、溫度增高，造成原有岩石的礦物種類、岩石排列或結構改變而形成的岩石。	板岩、片岩、片麻岩

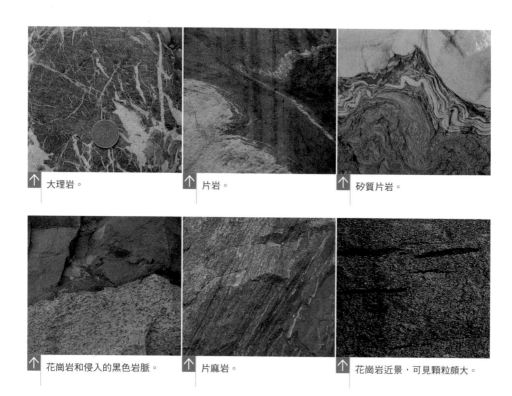

↑ 大理岩。

↑ 片岩。

↑ 矽質片岩。

↑ 花崗岩和侵入的黑色岩脈。

↑ 片麻岩。

↑ 花崗岩近景，可見顆粒頗大。

地質年代表

地質年代是用來描述地球歷史事件的時間單位，通常在地質學和考古學中使用。

宙Eon	代Era	紀Period	世Eooch	時間 (百萬年)	主要事件
太古宙 Archaean	太古代 Archaeozoic			2,500- 4,600	
元古宙 Proterozoic	元古代 Proterozoic			545-2,500	
顯生宙 Phanerozoic	古生代 Palaeozoic	寒武紀 Cambrian		495-545	寒武紀生命大爆炸
		奧陶紀 Ordovician		440-495	魚類出現；海生藻類繁盛
		志留紀 Silurian		417-440	陸生的裸蕨植物出現.
		泥盆紀 Devonian		354-417	魚類繁榮、兩棲動物出現、昆蟲出現、種子植物出現、石松和木賊出現
		石碳紀 Carboniferous		292-354	昆蟲繁榮、爬行動物出現、煤炭森林、裸子植物出現
		二疊紀 Permian		250-292	二疊紀滅絕事件，地球上95%生物滅絕、盤古大陸形成
	中生代 Messozoic	三疊紀 Triassic		205-250	恐龍出現、卵生哺乳動物出現
		侏儸紀 Jurassic		142-205	袋類哺乳動物出現、鳥類出現、裸子植物繁榮、被子植物出現
		白堊紀 Cretaceous		65.5-142	恐龍的繁榮和滅絕，白堊紀-第三紀滅絕事件，地球上45%生物滅絕，有胎盤的哺乳動物出現
	新生代 Cenozoic	第三紀 Tertiary	古新世 Palaeocene	55-65.5	
			始新世 Eocene	33.7-55	
			漸新世 Oligocene	23.8-33.7	
			中新世 Miocene	5.3-23.8	大部份哺乳動物目崛起
			上新世 Pliocene	1.8-5.3	人類的人猿祖先出現，直立人出現在非洲
		第四紀 Quaternary	更新世 Pleistocene	0.01-1.8	冰河時期，大量大型哺乳動物滅絕，人類進化到現代狀態
			全新世 Holocene	Today-0.01	人類文明興起

參考文件

王執明等，2000，《台灣土地故事》，大地地理。｜王鑫，1994，《看！岩石在說話》，張老師文化。｜王鑫，1988，《地形學》，聯經出版事業。｜黃鑑水，1998，《台灣地質圖說明書：圖幅第四號：台北》，經濟部中央地質調查所。｜曾美惠，1998，《台北盆地前世今生》，台灣省立博物館。｜台灣館，1991，《台北地質之旅》，遠流出版社。｜王鑫，1980，《台灣的地形景觀》，渡假出版社。｜林朝棨，1957，《台灣地形》，台灣省文獻委員會。｜徐鐵良，1985，《地質與工程》，中國工程師學會出版。｜何春蓀，1975，《台灣地質概論》，經濟部中央地質調查所。｜何春蓀，1982，《台灣地體構造的演變》，經濟部中央地質調查所。｜市村毅，1941，〈金門島地質概要〉《台灣地學記事》，7卷，2-3號。｜地圖出版社，1984，《中國自然地理圖集：北京》。｜林朝棨，1970，《經濟部金門地質礦產測勘隊工作報告：福建省金門島及烈嶼地質礦產勘查報告》，1-6頁。｜陳培源，1965，〈福建省金門島第四紀地層之黏土與黏土礦物〉《台灣礦業》，17號，2、3、4期合訂，66-92頁。｜吳啟騰、林英生，2000，《金門地質地貌》，稻田出版。｜王鑫，1987，《火炎山自然保留區生態之研究報告》，台大地理系。｜王鑫，1988，《泥岩惡地地景保留區之研究報告》，台大地理系。｜王鑫，1986，《東北角地形化石景觀簡介》，交通部觀光局。｜王鑫，1989，《太魯閣國家公園解說系統規劃研究報告》，太魯閣國家公園管理處。

圖片來源

照片提供
王鑫、吳志學、蕭耀華、黃兆慧、呂理昌、宋聖榮、陳育賢、劉育宗、楊建夫、IMAGEMORE

手繪圖
金炫辰、吳淑惠、王顧明、王正洪

電腦繪圖
林姚吟、國家海洋科學研究

衛星影像
本書衛星影像經由 SPOT IMAGE S.A. 授與國立中央大學太空及遙測研究中心特許權複製（COPYRIGHT©2002CNES）

國家圖書館出版品預行編目(CIP)資料

福爾摩沙的故事：獨特的容顏-北臺灣 / 王鑫著. --
第三版. -- 新北市：遠足文化, 2016.11
面；　公分

ISBN 978-986-93663-8-0（平裝）

1.地形　2.地質　3.臺灣

351.133　　　　　　　　　　　105020179

福爾摩沙的故事

獨特的容顏—北台灣

作　　　者	王　鑫
主　　　編	叢榮成
特約美編	李淨東

社　　　長	郭重興
發行人兼 出版總監	曾大福
出 版 者	遠足文化事業股份有限公司
地　　　址	231 新北市新店區民權路108-2號9樓
電　　　話	(02)2218-1417
傳　　　真	(02)2218-8057
郵撥帳號	19504465
客服專線	0800-221029
e-mail	service@bookrep.com.tw
網　　　址	http://www.bookrep.com.tw
法律顧問	華洋國際專利商標事務所　蘇文生律師
印　　　製	成陽印刷股份有限公司 電話：(02) 2265-1491

定價 400元
第三版第一刷 西元2016年11月
ISBN 978-986-93663-8-0

2016 Walkers Cultural Print in Taiwan

■原書名：台灣的特殊地景 北台灣